JN108087

勝てる事業の原則から
戦略、デザイン、成功事例まで

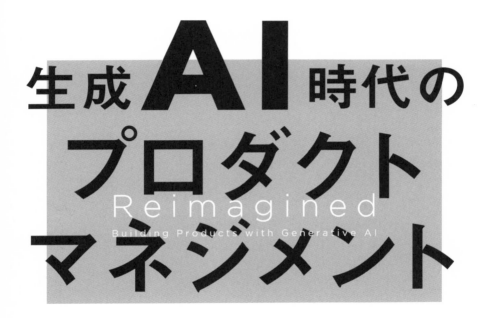

生成**AI**時代の
プロダクト
マネジメント

Reimagined
Building Products with Generative AI

Shyvee Shi　Caitlin Cai　Dr. Yiwen Rong

曽根原春樹 訳

賛　辞

本書は起業家やプロダクトマネージャー、企業の意思決定者にとって、プロダクトマネジメントの基礎を解説している貴重な情報源で、AIの世界を鋭く見通すための道標でもあります。

——タマール・ヨシュア（Tamar Yehoshua）、IVP ベンチャーパートナー、元 Slack 最高プロダクト責任者、Google 副社長

プロダクトマネジメントにとって画期的な書籍です。生成 AI がもたらすイノベーションはプロダクト開発で実現できる世界が想像よりもはるかに広いことを教えてくれます。

——アミット・フーレイ（Amit Fulay）、Microsoft Teams および GroupMe プロダクトマネジメント担当副社長

プロダクト開発における AI の力を見事に調べ上げ、本質的な戦略と実践例を数多く学べます。価値あるプロダクトをつくり上げるために不可欠でしょう。

——ラビ・メタ（Ravi Mehta）、Outpace 共同創業者兼 CEO、Reforge エグゼクティブ・イン・レジデンス、元 Tinder 最高プロダクト責任者、Facebook、TripAdvisor、Xbox プロダクトリーダー

生成 AI に関する最高のガイドです。長期的なトレンドの最前線に立ってこれからの時代を見通すことができます。

——ロバート・ウォルコット（Robert C. Wolcott）、Booth と Kellogg でのイノベーション担当非常勤教授、ベンチャー投資家、TWIN Global 共同設立者

AI の複雑な側面をわかりやすく解説しており、実践的な戦略と実例がたくさん凝縮されています。

——シン・ヤオ（Xing Yao）、XVerse 創設者、Sequoia、Tencent、Temasek、Hillhouse の支援を受けた AI＋3D メタバースのユニコーン、Tencent AILab および Robotics X Lab 創設者

生成 AI 時代に活躍したいプロダクトリーダーにとって必携です。AI の可能性、現実的な課題、倫理的な観点にも十分配慮されています。

——ジェニファー・リウ（Jennifer Liu）、プロダクトエグゼクティブ兼リーダーシップコーチ、元 Lattice プロダクトシニアバイスプレジデント、Ethos Life 最高プロダクト責任者、Google プロダクトマネジメントシニアディレクター

生成 AI の出現により、技術開発とプロダクト革新の間のギャップが大幅に縮まりました。本書は生成 AI ドメインで勝負する起業家にとって必携です。AI 時代のプロダクト開発の本質をとらえ、変化に適応するための心がまえを教えてくれます。

——ヨンキン・ジア（Dr. Yangqing Jia）、Lepton AI 共同創設者兼 CEO、Caffe 創始者、PyTorch 1.0 および ONNX の共同リーダー、アリババ元副社長およびアリババクラウドのコンピューティングプラットフォーム社長、Facebook AI エンジニアリングディレクター、Google Brain 研究科学者

生成 AI にまつわる妄言に惑わされることなく、起業家やプロダクトマネージャー、企業の意思決定者が本当に必要とするインサイトが得られます。

——ラウラ・マリーノ（Laura Marino）、TrueML、Lever チーフプロダクトオフィサー、高成長企業の CEO やプロダクト部門のアドバイザー、Stanford 大学のゲスト講師

AI 領域のプロダクトマネージャーや起業家にとって欠かせない一冊です。明確かつ実行可能なフレームワークに加え、実務に役立つ豊富な事例が目白押し。強くおすすめしますし、著者らの素晴らしい仕事に感謝です。

——ロバート・ドング（Robert Dong）、Generative AI Entrepreneur、Tiktok Creative AI 元 Head of Product、Cruise automation や Meta 元 AI 製品リード

AI に対する洞察のみならず、プロダクトマネジメントと倫理的な観点を踏まえた実践的な戦略が学べます。

——マリリー・ニカ（Dr. Marily Nika）、AI Product Academy および AI PM Bootcamp 創設者、Google ／ MetaAI プロダクトリード

世界にポジティブな影響を与え、生成 AI の力をプロダクトに活用するためになくてはならない本です。

——トニー・ベルトラメリ（Tony Beltramelli）、UizardCEO 兼共同創設者、AI パワード UI デザインツール

生成 AI はプロダクトマネジメントとプロダクトマネージャーの働き方に大きな影響を与えるでしょう。世界市場での著者らの経験に基づく知見から多くのことを学べます。

——ラファエル・レイテリズ（Raphael Leiteritz）、Peak Product & Product Management Festival 共同創設者兼パートナー、Google シニアエグゼクティブ、最高製品責任者のアドバイザー、20 以上のユニコーンを含む 200 以上のスタートアップのエンジェル投資家

他の本には決して書かれていない生成 AI を活用した、プロダクトやサービスを構築するための超実践的なアプローチが満載です。

——フィル・テリー（Phyl Terry）、Collaborative Gain 創設者、『Never Search Alone』著者、『Customers Included』共著者

生成 AI 時代を鳥瞰するプロダクトマネジメントのプロフェッショナルにとって貴重な資産となります。

—— カイ・ヤング（Kai Yang）、Landing AI 副社長、AI 起業家＆製品エグゼクティブ

ケイトリンは、AI プロダクトと GTM の専門家の中でも先駆者の一人です。生成 AI プロダクトとその GTM を探求している起業家やプロダクトマネージャー、企業の意思決定者にとって必読書といえるでしょう。

——ビル・サン（Bill Sun）、GAlpha.ai の Founder ／ CEO、Google Brain、Citadel、CubistAI リサーチャー、Millennium Worldquant で数十億ドルの GMV を管理する量的ポートフォリオマネージャー

シビーは、プロダクトマネジメントを教えるだけでなく、それを実践しています。彼女の知恵は、優れたプロダクトをつくるためのアートとサイエンスに捧げられたキャリアの証です。

——ルイス・リン（Lewis Lin）、8x Bestselling Author、ManageBetter および Impact InterviewCEO、Google および Microsoft 元プロダクトリーダー

シビーは真の学べる者です。生成 AI の本質をつかもうとするプロダクトマネージャーのための強力なガイドブックを書き上げました。

——ロビー・ケルマン・バクスター（Robbie Kellman Baxter）、Peninsula Strategies 創設者、『The Membership Economy』、『The Forever Transaction』著者

シビーは、プロダクトマネジメントコミュニティ内で最前線に立っています。生成 AI を効果的に戦略へと統合する方法を解説した、すべての起業家やプロダクトマネージャー、企業の意思決定者にとって必ず読まれるべき一冊です。

——プルキット・アグラワル（Pulkit Agrawal）、Chameleon 共同創業者兼 CEO

献　辞

生成 AI 時代を切り拓いた先駆者たちへ贈ります。

先駆者たちの絶え間なき努力、探求、革新によって、プロダクトマネジメントとテクノロジーの世界は刷新されました。

そして既存概念を打ち破るべく、挑戦する者たちへ捧ぐ一冊でもあります。

読者の皆さんの好奇心と探究心に火が灯ることを切に願っています。

推薦者まえがき

絶え間なく変化する生成 AI の世界では、新たな課題とチャンスが日々もたらされています。AI 分野に長年携わってきた者として、私はこの本を一読者としてではなく、学びと実践の伴走者として活用しています。

本書では、AI ドリブンのプロダクトを開発する際の複雑さとコストについて率直に語られています。法規制を理解し、顧客に AI の期待と限界を理解してもらうためにコミュニケーションをとり、真に信頼できるプロダクトをつくるための課題は山積です。私自身の経験からいえば、これらについて包括的にときに繊細に理解するのは困難なものでした。しかしこの本は、そうした困難さを軽々と越え、実践的なヒントをたくさんもたらしてくれます。

プロダクトマネージャーやエンジニア、またはスタートアップの創業者や企業の意思決定者の皆さんにとっては、きっと役に立つものとなるでしょう。生成 AI 分野の単なる概要ではなく、実例に基づいた実践的な考察に満ちており、新しいプロダクトマネジメントの具体的なステップを学べます。マーケティングやプロダクトマネジメントのリーダーにとっては、プロダクトマーケットフィット（PMF）を実現し、市場投入（GTM）を成功させるために必要な実践知を得られると思います。本書内でふれられているツールや指標は、実際のプロダクトの成功と失敗から導かれているものだからです。そして、新任のプロダクトマネージャーや新たに AI ビジネスの領域に参入した人々にとっては、最高のガイドブックとなるでしょう。高邁な理想ではなく、実践的かつ実用的な知見を通じて、スキルの向上を促してくれます。

著者たちの視点は、生成 AI プロダクトをつくる皆さんのインスピレーションを大いに刺激するでしょう。ページをめくると、生成 AI 活用の知識とスキルが身につき、プロダクトを発想・開発し、マーケティングする方法が見えてきます。本書は、生成 AI 時代の無限の可能性の証明でありつつ、起業家、プロダクトマネージャー、デザイナー、エンジニア、イノベーターのコミュニティに参加するための招待状でもあるのです。

プロダクトマネジメントの未来へようこそ。

想像力と AI が交差し、素晴らしい成果を生み出す未来へ。

ジア・リ（Jia Li）
Google 元 R&D グローバルヘッド兼 Cloud AI/ML 共同設立者

著者まえがき

2022 年 11 月 30 日に ChatGPT が登場して以来、世界は一変しました。この画期的なツールは一夜にして世間の注目を集め、AI はもはや技術愛好家や SF ファンのみならず、お茶の間のものとなったのです。

夕食時に、AI の可能性と落とし穴が話題にのぼるようになりました。まるで新しい時代の夜明けが目の前に迫っているようでした。「我々は人類史上の臨界点に近づいている。すべてが変わろうとしている」と DeepMind の共同設立者ムスタファ・スレイマン（Mustafa Suleyman）はいっています。

6 月のある日の夕方、サンフランシスコのポトレロヒル地区でシビーとケイトリン（ともに本書の著者）ともうひとりの友人とで夕食をとり、会話はやがて生成 AI に関する本を書くという話題に転じました。執筆に生成 AI そのものを活用するというアイデアを見逃すにはあまりにも魅力的すぎました。

そこからシリコンバレーの AI ハッカーハウス AGI House へと場所を移し、振り返れば 10 時間に及ぶ長すぎる夕食となったのです。本のビジョンを概観するために、Omni Labs を使って試行錯誤しました。Omni Labs は AI を活用して執筆を支援するスタートアップで、Google Brain の元研究者であるジェレミー・ニクソン（Jeremy Nixon）によって設立されました。

執筆の最初の数週間は創造性と実現可能性のカオスの渦中にいるような思いでした。平日はフルタイムの仕事をこなし、家族との時間も大切にしつつ、週末は執筆に捧げていましたが、徐々に負担が増してきました。混沌とした中でいかにして本書の本質の核を見出すか？　読者に価値を届けるためにどの分野を詳細に探求すべきか？　日々新しいテクノロジーが生まれ、プロダクトに応用される状況への対応に追われつつ、燃え尽き症候群の兆候もあり、執筆プロジェクトが脱線してしまう危機に直面しました。

もうあきらめようと思っていた矢先、私たちは一本の命綱を見つけました。ケイトリンが第三の共著者としてイーウェン・ロング（Dr. Yiwen Rong）を招いたのです。

彼はスタンフォード大学の博士号をもち、トップテック企業で AI プロダクトマネージャーを務め、2 回の起業を経験し、投資家でもあります。彼の AI と起業家精神への知識と情熱によって、執筆プロジェクトは息を吹き返したのです。

さらに、生成 AI の風景を実世界の生の声を交えて理解を深めるために、PM Learning Series というプログラムを始め、最先端の生成 AI プロダクトを開発している人にインタビューをしていきました。Robbylox Studio の生成 AI の責任者、Uizard の CEO、Microsoft の VP of Product、Copy.ai の共同創設者、Synthesia のプロダクト責任者、Forethought の CTO 兼共同創設者、Google Language AI のプロダクト責任者、Alexa AI の元 AI プリンシパル PM、Instacart のプロダクトディレクターなどです。

世界的なフォロワーが 10 万人以上いる活発なコミュニティ内でインタビュー記事を書くことで、私たちは企業が生成 AI プロダクトを提供するためのプロセス、テクノロジー、ツールについての知識を大幅に拡充できました。新しいテクノロジーが人々の生活にどのように影響を及ぼしているか、企業はいかに戦略を立てて成長しているか、競争の激しい市場で直面する課題をどのようにして解決しているか、といったことについての考察を深めていきました。

こうしてできたのが本書です。生成 AI の最先端の世界を見てきた私たちの旅路でもあります。150 超の実例、30 のケーススタディ、20 以上のフレームワークという実践知に基づき、プロダクト戦略を立ててキャリアに活かしていくための知見が詰まっています。こうした知見をお伝えするにあたって、本書は大きく 3 つの部に分けて構成されています。

第 I 部は、かつては SF の世界だった生成 AI が、いまや私たちの日常生活に浸透している実態に迫ります。AI 進化史の基礎からさまざまな業界変革を導く生成 AI の可能性について解説します。未知の領域を歩み、人智を超える課題にも目を向けながら生成 AI の現在像をとらえます。

第Ⅱ部は、生成AIプロダクトづくりの実践に迫ります。効果的な顧客セグメンテーションから、Jobs-To-Be-Doneフレームワークを用いた問題起点と技術起点のバランスの取り方、インパクトのあるMVP設計、大規模言語モデルのオープンソースと独自モデルの使い分け、PMFへの道筋とその測定方法、GTM戦略、そして生成AIの倫理的側面まで幅広く考察します。

　第Ⅲ部では、AI時代に求められるプロダクトマネージャーの役割について論じます。継続的な学習と戦略的なキャリアプランニングがとくに重要です。EQ（心の知能指数）、創造性、ドメイン知識を組み合わせ、人間の共感をよび起こすプロダクトをつくることで、プロダクトマネージャーはAI時代に備えることができるでしょう。

　AIはプロダクトマネジメントをどう革新するのか？　倫理的なAIプロダクトとは何か？　AIを信頼できるものにするにはどうすればいいのか？　AIが思考し、創造する時代の人間の存在意義とは何か？　こうした好奇心と探究心から本書を執筆しました。決して容易な道のりではありませんでしたが、この知見を皆さんと共有する喜びは計り知れません。AIは一過性の流行ではなく、今後も継続して大きな変革をもたらすでしょう。

　もし本書が読者の皆さんの思考を少しでも刺激し、価値ある洞察の一助となったのなら、ぜひAmazonにレビューを残してください。私たちのさらなる執筆活動の原動力にもなりますし、他の人が本書を見つけて学習の旅へと出発するきっかけにもなります。一つひとつのレビューが、プロダクトマネジメントに携わる私たちみんなを豊かにし、活気あるコミュニティ創造と運営につながっていくでしょう。

　ページをめくる読者の皆さんに、私たちと同じ興奮と好奇心が湧いてくることを願っています。可能性に満ちた生成AIの世界に飛び込み、ともにプロダクトマネジメントの未来を探索していきましょう。

2023年12月　サンフランシスコ

シビー、ケイトリン、ロング

訳者まえがき

「なぜ、日本から世界に通用するプロダクトが生まれないのか？」

　日本のスタートアップや大企業のプロダクトづくりを支援する中で、よく質問されることです。シリコンバレーに移り住んで18年目を迎え、ビッグテック企業やスタートアップのプロダクトマネージャーとしてプロダクトづくりの先端に身を置いていると、この質問に対する答えが見えてきます。

　結論からいえば、プロダクトマネジメントの欠如です。プロダクトマネジメントとは、ごく簡単にいえばデジタルな世界においてソフトウェアの力を最大限に生かした、価値あるプロダクトをつくり出す力のことです。ユーザーのペインやニーズを的確にとらえ、それに応える機能の拡充や素早い改善をプロダクト開発の中心に置き、ビジネスとしての持続性、使い続けられるデザイン、実現性あるテクノロジーの3つの側面から総合的に導きます。

　プロダクトマネジメントの欠如は同時に、プロダクトマネジメントを担える人材と、それを組織の中で実践する仕組みが不十分であることも示唆しています。

　日本企業では長らくプロダクトマネジメントの重要性が理解されてこなかったために、人材育成や組織的な取り組みが遅れてしまいました。この傾向は、日本情報システム・ユーザー協会が東証上場企業とそれに準じる企業の計4,500社のユーザー企業における IT 部門長に毎年ユーザー企業の IT 投資・活用の最新動向を知るために行っている調査（企業 IT 動向調査報告書）に明確に現れています。

　日本企業は10年以上 IT 予算の8割近くを運用保守費にあてており、ソフトウェアテクノロジーを活用した新しい価値創造にあてられる予算は2割にとどまっています。ソフトウェアは「一度つくったら終わり」で、後は運用保守にとどまってしまい、価値を提供するプロダクトを進化させる、という方向に組織の力学が働いていないのです。

　ハードウェアプロダクトと違って、ソフトウェアプロダクトには「完成品」とい

う概念はありません。ここを取り違えて、いつまでも百点満点を目指したソフトウェアに執着するうちに、ユーザー視点で価値を継続的に創造することや、そのためのスキル向上および人材獲得・組織づくりが後回しにされてきたといい換えることもできるでしょう。

　ソフトウェアプロダクトの世界では、「完成品」の考え方を持ち出すと時代についていけなくなるのです。

　その象徴的な例があります。OpenAI 社が ChatGPT を 2022 年 11 月に発表したときのことを思い出してください。当時私も早速使い始めましたが、不安定なレスポンスや質のまばらな回答に悩まされました。その時点では、プロダクトの品質は「完成品」とはいいがたい水準だったと思います。

　ところが ChatGPT は世界中で大きな反響をよびました。リリースからたった 5 日間で 100 万ユーザーを、2 か月後には 1 億ユーザーを突破しました。時間とともに ChatGPT の精度は向上し、より高度な GPT-4 モデルのリリースや他のアプリとの連携も進めていきました。その結果 2023 年末には 20 億ドル（約 3,000 億円）の売上を達成しています。

　この衝撃的な成功により、世界中の企業がビジネス戦略を修正し、生成 AI を活用したり、自社プロダクトに取り込むことを急いだのです。まさに歴史が動いた瞬間でした。このスピードとスケール感こそソフトウェアプロダクトの真骨頂です。

　生成 AI は、創作活動、コンテンツ制作、コーディング、デザインなど、さまざまな分野の作業をサポートしたり、作業の一部を代替したりすることができます。これは、従来の職種や仕事のあり方に大きな影響を与える可能性があります。これまで人間が行ってきた業務の一部が自動化され代替されたり、作業効率が大幅に向上したりするでしょう。

　たとえば、カスタマーサポートで集まった数千人の声を人間が逐一チェックしていては時間がいくらあっても足りませんが、生成 AI の力を使えばテキスト解析が自動化され、そのフィードバックのカテゴリー分けや要約、次に何をしたらよいか

という提案までがたった数秒、数分で終わるのです。生成 AI は従来のビジネスモデルや産業構造に大きな影響を与える可能性があるため、破壊的テクノロジーと位置づけられています。

　ソフトウェアプロダクトの新たな流れとなった生成 AI の影響は、長期的かつ広範囲にわたって拡大していくでしょう。この新たな潮流の中で、プロダクトづくりのアプローチを見直さなければ、日本はますます世界から取り残されてしまいます。逆に、AI の力を適切に取り入れたプロダクトづくりのアプローチに移行できれば、世界に伍して価値あるプロダクトを生み出せるチャンスが生まれます。

　だからこそ一人でも一社でも多くこの生成 AI とプロダクトマネジメントの力を取り入れて、しっかりと世界に打って出られる企業が日本から出てくることを願い、本書の翻訳プロジェクトに着手しました。

　2021 年、私は『プロダクトマネジメントのすべて』（翔泳社）という本を共著しました。多くの読者の皆さんに支えられて、この本は日本のプロダクトマネジメントにおける教科書的な位置づけとなり、業種業界を超えて活用いただいています。また、私の Udemy でのプロダクトマネジメント講座は、受講者数がまもなく 3 万人に達するに至りました。プロダクトづくりの知識をできるだけ多くの人に提供したい、という思いが届いたことに感謝してもしきれません。

　日本におけるプロダクトマネジメントは着実に発展し、さまざまな知見が集まっていることを肌で感じています。そして、いまや生成 AI の時代が到来し、プロダクトマネジメントも新たな段階に入っています。私は、いまの時代に必要な価値の創造方法や実現の仕方について、読者の皆さんに伝えたいと考えました。

　幸運なことに、原著者のひとりで LinkedIn のシニアプロダクトマネージャーであるシビー・シー（Shyvee Shi）さんは私の同僚で、邦訳出版の話をもちかけるとすぐに意気投合しました。その結果、原書刊行の 5 か月後にはこうして本書を日本の読者の皆さんへ届けることができました。

本書翻訳中の 2024 年 3 月、日経平均株価が史上初の 4 万円を超えました。コスト削減に多くのエネルギーを割いてきた日本企業が、リスクを取って成長する姿勢へと変わりつつあることへの市場の期待の表れともいえるでしょう。ただし、この勢いも一過性で終わっては意味がありません。継続して発展してくためにも、いまこそソフトウェアの力を最大限発揮するプロダクトマネジメントが欠かせないのです。

　これからの 50 年、100 年を見据えると、日本のハードウェアプロダクトによって形成された「ものづくり大国」という価値観すら変容させていくべきでしょう。そのために私たちも新たな挑戦に取り組み続けなければなりません。いずれはソフトウェアプロダクトも包含する「プロダクト大国」とよばれる日が来るかもしれません。その第一歩として、生成 AI 時代のプロダクトマネジメントについて学び、実践していくことは避けては通れないと思います。

　最後に、私自身のプロダクトマネジメントの道のりで支えてくれた皆さまに感謝の意を表します。とくに、『プロダクトマネジメントのすべて』の読者の皆さま、私の Udemy プロダクトマネジメント講座の受講生の方々、原著者のシビーさんの熱意と査読に協力していただいた岡田貴琳さん、編集担当の渡邉康治さんの絶え間ないサポートに心から感謝します。何より、家族の支えがなければ、私は今日この日を迎えることはできなかったでしょう。この場を借りて深く感謝を伝えたいと思います。

　そして、今後も日本のプロダクトマネジメントの発展に貢献し続けることをお約束します。本書が新たな知識や洞察を共有し、プロダクトマネジメントの分野での成長を促す一助となることを願っています。

　読者の皆さんに、心からの感謝とともに本書をお届けします。

2024 年 5 月　サンフランシスコ

曽根原春樹

目次

第I部 生成AIの全体像を俯瞰する

第 III 部
AI時代のプロダクト
キャリアを構築する……271

執筆に関する特記事項

　本書の見解は著者個人のものであり、所属する組織の見解を反映するものではありません。著者たちは、リサーチ、執筆、ブラッシュアップのため、GPT-4、Midjourney、その他 AI ツールを使用しました。AI 生成コンテンツに対する信頼性と信ぴょう性の問題を認識しつつ、AI との積極的なコラボレーションを通じて、生成 AI プロダクトを構築する可能性を提示することを目指しました。著者独自の洞察と広範なリサーチを、数百回の AI プロンプティングと反復を通じて融合させながら書き上げたものです。また、本書は急速に進化する生成 AI 分野に議論と学びを促すこともひとつの目的としています。一部の情報は古びやすい可能性がありますが、本書は読者の皆さんへの固定的な視点の提示ではなく、柔軟な対話を続ける立場をとっているので、内容の継続的な改善と議論のさらなる深化のためにも、読者の皆さんからのフィードバックが得られることを歓迎しています。

第 I 部

生成AIの全体像を俯瞰する

第 I 部では、生成 AI を取り巻く現状に何が起きているのか、それはどのようにして起こったのか、という基本的な知識を学んでいきます。さらに生成 AI の技術基盤や活用の可能性、そしてこれからの可能性と限界を概観します。

第1章

AI革命の基礎知識

1.1　AIの進化と生成AIをめぐる物語

　人工知能（AI）の革命は、SF小説の中の話から現実へと飛び出し、多くの産業で前例のない変化をもたらしています。その中核にあるのが生成AIです。生成AIによってもたらされる明るい未来像が描かれるとともに警戒の目も向けられています。創造性や革新性で人々を魅了しながらも、人間の想像力をはるかに超えた未知なる問題への恐れです。生成AIとは単なる技術の進化ではなく、限りない可能性と未知の領域への人類の新たな旅路でもあるのです。

　読者の皆さんにこの旅路を楽しんでいただくために、本書ではまず、GPT-4とMidjourneyという生成AIの助けを借りて、AI進化史のガイドツアーにご案内したいと思います。生成AIをまだ体験したことのない方にも、その世界の一端をご覧にいれましょう。コンピュータ・サイエンスと人工知能の父であるアラン・チューリング（Alan Turing）の生成

AIに「ゲスト」として出演してもらい、AI革命に至るまでの大まかな歴史をわかりやすく紹介してもらいましょう。

> プロンプト（GPT-4への指示）：
> アラン・チューリングが案内する時空を超えた新しいSFドキュメンタリーを作成してください。AI革命の重要な段階や、生成AIの最近の盛り上がりにつながる悲喜こもごもを一般の方に向けてわかりやすく楽しく書いてください。

　以下、テキストはGPT-4、画像はMidjourneyが生成したものです。

タイトル：AIアラン・チューリングが案内するAI時空旅行記

ナレーション「色とりどりの室内灯が点滅し、歯車があちらこちらで動いているレトロで未来的な研究室。カメラがズームインして、1940年代風のスーツを着こなし、探偵のような風貌のAIアラン・チューリングを映します。ロボットや未来都市のスケッチでいっぱいの黒板の横に立っています」

AIチューリング　「こんにちは、地球の皆さん、読者の皆さん、そしてAIファンの皆さん！　私はアラン・チューリングです。1940年代にいるはずの私がなぜ現代にいるのかって？　それはタイムトラベルのおかげであるとだけここではいっておきます。準備はいいですか？　ではAI革命のツアーに出かけましょう！」

ナレーション　「私たちはタイムトラベルマシンに乗り込み、ジャズが流れる1960年代に向かいます」

AIチューリング　「ああ、1960年代！　想像してみてください。ラジオからビートルズが流れ、ミニスカートがはやっています。そしてここでは、思考するマシンとチェスができるマシンの勝敗が賭けられています。ロボットのスケッチや数式でいっぱいの黒板が置かれています。これは決して落書きなんかではなく未来そのものです！　私たちは人間と議論できるような賢いマシンの開発をめざして研究しています。しかし、大舞台のマイクの前でつまずくコメディアンのように、私たちはAIを過大評価してしまいました。　月面着陸ほどの技術的なインパクトを約束してしまいましたが……実際は、紙飛行機を飛ばす程度の水準の技術だったのです」

ナレーション「画面は荒れ果てた1970年代のコンピュータ研究所、「AIの冬」のシーンに切り替わります」

AIチューリング「1970年代へワープしてきました。ディスコで楽しく踊る人々がスポットライトを浴びる中、AIは……日の当たらない貧乏人でした。研究資金は凍結され、研究所はゴーストタウンになり、……まあ、白昼夢のようなものでした。これがAI革命のシーズン1の終わりです。世の中の人々にAIの可能性への疑問を残す結果となりました」

ナレーション「続いて、1980年代の賑やかな大学の中庭にワープしてきました」

AIチューリング「ここにきて転機が訪れます。AIは科学界の一発屋だと思われていましたが、1980年代にはAIの新しい技術が芽吹き始めました。エキスパートシステムという新しいロックスターが現れたのです。専門家の知識や経験をモデル化し、問題解決の推論や意思決定が進化したおかげでAIへの信頼性が増し、再びスポットライトを浴びることになったのです。しかし、往々にしてスーパールーキーが2年目にスランプに陥るように、残念ながらAI革命のシーズン2の盛り上がりは長くは続かず、AIはまた世の中からそっぽを向かれてしまいました」

ナレーション「再びワープして、ここは1990年代の活気づいたインターネットカフェの中です」

AIチューリング「1990年代はワールド・ワイド・ウェブ（WWW）とAIルネサンスの胎動の時代でした。そうです、風変わりなAIのビジョナリーたちが再び戻ってきて、舞台裏で働いていました。新たな始まりの準備がようやく整いました。彼らは世の中に本当の驚きをもたらすことになるのです！」

ナレーション「2000年代、2010年代、そして2020年代への急速な技術革新の時代へと早送りしていきましょう」

AIチューリング「いま、私たちはAIの黄金時代、夢が夢の中だけでなく、目の前に広がっている現実にいます。生成AIが登場し、創造性に富んだ新星として、詩を書き、絵を描き、交響曲さえ作曲します。機械がアーティスト、思想家、夢想家となり、大劇場で主役を務めるようになったのです！」

ナレーション「私たちはレトロで未来的な研究室に戻ってきました。AIチューリングはタイムマシンから降りて、自分自身の鮮やかなホログラフィック・プロジェクションと向き合います」

AIチューリング「読者の皆さん、このドラマチックで予測不可能なAI革命ツアーを終えるにあたりひとつお伝えしておきたいことがあります。

これは終わりではなく、あくまでも始まりなのです。次なるAI革命の時代にはどんな冒険が待っているかわかりませんが、未来の台本はまだ書かれていません。自分たちの限界を自ら設ける必要はありません。まだまだ新しい時代の始まりに過ぎないのです！」

画面が暗転して、「続く……」と表示されました。

さて、いかがでしたでしょうか。ここまでがGPT-4とMidjourneyが生成したAIアラン・チューリングによる AI革命ツアーです。AIアラン・チューリングに感謝を贈ります。

ここからは生成AIのポテンシャルを理解するために、AIの定義を確認し、AIにまつわる一般的な誤解を解くことから始めていきます。

1.2　AIとは何か？　生成AIとは何か？

オックスフォード英英辞書では「人工知能（AI）」を次のように定義しています[1]。

> 通常人間の知能が必要とされる視覚的知覚、音声認識、意思決定、言語間の翻訳などのタスクを実行できるコンピュータシステムの理論と開発。

生成AIは人工知能の革新的な分野であり、既存のパターン、構造、シーケンスを模倣して、新しいデータやコンテンツを生み出す技術です。創造的なアーティストのように新しい画像から込み入った物語まで、何で

も自在につくり出すことができます。

　AIに関する具体的なイメージを抱くために、さまざまな視点から（AIの視点から）ChatGPTに聞いてみましょう。

プロンプト：

AIとは何ですか？　次の視点から回答してください。

- 5歳の子供

- 85歳のおばあちゃん

- 星つきレストランの料理長

- YouTubeのインフルエンサー

- テック企業のプロダクトマネージャー

- 建設現場の労働者

- ウォール街で働く投資銀行家

- 不動産ブローカー

- 出版社のジャーナリスト

- デジタルマーケター兼ブランド戦略家

- 地元のバーで歌う新進気鋭のシンガー

回答を楽しくて啓発的にして、各ペルソナにつき30語以下で書いてください。

GPT-4の回答

5歳の子供：AIは自分で話したり考えたりする魔法のおもちゃのようなものだよ！

85歳のおばあちゃん：AIは賢いラジオみたいなものよ、なんでも知っていて学んでくれるの！

星つきレストランの料理長：AIはレシピを提案して味を覚える厨房の助手だけど、試食はしないわ！

YouTubeのインフルエンサー：AI？ ビデオを編集したりコンテンツのアイデアを提案してくれるスマートなツールだよ！

テック企業のプロダクトマネージャー：AIは我々のアプリの背後にある脳みたいなもので、プロダクトをより賢く使いやすくしています。

建設現場の労働者：AIは現場で危険な場所を警告してくれる魔法の帽子のようなものだ。

ウォール街で働く投資銀行家：AIは市場のトレンドを予測して株のヒントをくれる天才助手だよ。

不動産ブローカー：AIは夢の家を適切な買い手に素早くマッチングしてくれるんだ！

出版社のジャーナリスト：AIは迅速に事実やトレンドを引き出してくれる私のリサーチャー仲間だよ。

デジタルマーケター兼ブランド戦略家：AIはデータを分析し、時にキャンペーンが当たるか外れるかを判断する。魔法ではなくツールだ。

地元のバーで歌う新進気鋭のシンガー：AIは私の曲をさらなる高みへと押し上げるか、曲の海に溺れさせるか。まったく予測不可能な存在だよ。

1.3 AIにつきまとう5つの誤解

　AIの驚異的な進化は、あらゆる業界のビジネスパーソン、政策立案者、一般市民から幅広い関心を集め議論を巻き起こしています。しかし関心

の高さとは裏腹に、AIに関する誤解や神話が蔓延し、AIの真の姿と能力への誤解を招いています。

　多角的な視点からのAI理解は、単なる学術的探究のみならず、AIがもたらす課題とチャンスを把握するために欠かせません。メディアや世間の論調で煽られるようなセンセーショナルな話ではなく、AIの本質を解き明かす必要があります。ここでは、AIに関する一般的な誤解を解くことから始めていきます。

1. すべてのAIは同じである

　多くの人々が「AI」という言葉を、単純な規則に基づいて動くシステムから複雑な深層学習ネットワークまで、さまざまな技術を指すものとして使っています。しかし実際は、いろいろな問題を解決するためにさまざまな強みと弱みをもつ広範なAI技術があります。

　図1-1は、さまざまなAIの分野が互いにどのように関連しているかを示しています。それぞれの用語について詳しく知りたい方は巻末の付録1「AIを理解するための基礎用語」を参照してください。

2. AIは人間と同じようにものごとを「理解」できる

　AIは大量のデータを処理してパターンを特定し、予測することができますが、人間のように情報を「理解」してはいません。AIはニュアンス、文脈、感情といった人間が備えている能力をもっていないのです。

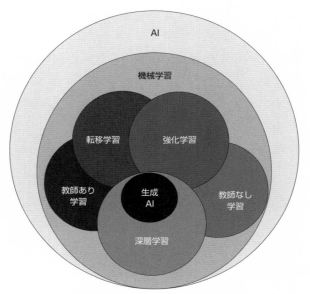

図1-1 AIの各分野の関連図

3. AIはすべての人間の仕事を担える

　AIはいま人間が担っている多くの仕事をこなすことができますが、まだまだAIにはまねできない人間の創造性や共感、理解が必要な仕事もたくさんあります。

　AIが人間にとって単調な仕事を引き受けることで、人間はより複雑で創造的な仕事に集中し、さらなる新しい機会と仕事を生み出すことができます。AIが個人の能力を底上げする時代のキャリア形成・キャリア戦略については第III部で詳しく解説します。

4. AIはテクノロジーに詳しい個人や大企業だけのものである

　AIは一般の人や小規模ビジネスの現場で活用するには難解すぎるという誤解があります。実際には専門的なテクノロジーの知識がなくても、多くのAIツールやAIプラットフォームが使えるような環境が用意されています。TechJuryの記事によると、世界の企業の35%がAIを使用しており、42%の企業が将来の利用を検討しています。つまり、77%以上の企業がAIを使用しているか、使用を検討しているのです [2]。

5. AIがもっと使えるようになるのはまだ先の話である

　本章冒頭のAIチューリングによるガイドツアーでふれていたように、AIの礎となった技術は80年以上前から存在しています。ソフトウェア会社Pegaの調査によると、消費者のうちAI搭載のテクノロジーを使用していると考えているのはわずか33％ですが、実際には77％がAI搭載のサービスやデバイスを使用しているという実態があります [3]。以下は日常生活におけるさまざまなシーンでAIが活用されているほんの一例です。

- eコマース：商品を提案するレコメンデーションエンジン（例：Amazon）
- ストリーミングサービス：パーソナライズされたコンテンツの提案（例：Netflix、Spotify）
- ソーシャルメディア：コンテンツフィードのアルゴリズムと広告ターゲティング（例：Facebook、TikTok）
- 音声アシスタント：質問に答える仮想ヘルパー（例：Siri、Alexa）
- 電子メール：スパムフィルターとカテゴリ分け（例：Gmail）

- 写真：画像認識と自動タグづけ（例：Google Photos）
- ナビゲーション：リアルタイムの交通予測（例：Waze、Google マップ）
- 銀行業：不正検知と信用スコアの予測（例：Citi、Credit Karma）
- 医療：健康状態のモニタリングや予測（例：WHOOP、Apple Watch）
- 小売業：バーチャル試着とファッションスタイル提案（例：Sephora）
- ゲーム：プレイヤーのスキルに合わせた難易度調整と、非プレイヤーキャラクター（NPC）のリアルな行動の実現
- カスタマーサポート：一般的な質問に答えるチャットボット（例：ウェブサイトサポート）
- ホームオートメーション：ユーザーの行動に適応するスマートサーモスタット（例：Google Nest）
- 農業：作物収量の予測分析（例：Cropin、Blue River Technology）
- デートアプリ：マッチングアルゴリズム（例：Tinder、Hinge）
- 交通：ライドシェア価格の推定とルートの最適化（例：Uber、Lyft）
- ショッピング：オンラインショッピングの質問に答えるバーチャルアシスタント（例：eBay）
- 言語：リアルタイム翻訳ツール（例：Google 翻訳）
- 教育：パーソナライズされたコンテンツの提案と学習プラン（例：Khan Academy、Coursera）
- 不動産：ユーザーの好みに基づいた物件の提案（例：Zillow、Redfin）

1.4　知られざるAIの歴史を解き明かす

　AIチューリングのガイドツアーが示すように、AIが辿ってきた旅路は単なる技術進歩の道のりでなく、野心、希望、そして予期せぬ落とし穴が連続する物語でした。研究室のほんの片隅から始まり、瞬く間に世界的な名声を得たかと思うと一転して壮大な懐疑論を巻き起こしたAIの進化史は、知性そのものの複雑なメカニズムを理解し、コントロールしようとする人類の探究の軌跡でもありました。

　すべての偉大な物語と同様に、AIの歴史は絶頂とどん底を繰り返してきました。AIの本質を理解するにはこうした歴史的背景をおさえておく必要があります（**図1-2**）。

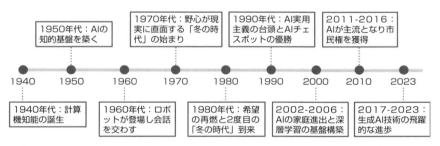

図1-2　AIの物語は、不連続的で停滞と失敗、さらにはふたつの"冬の時代"がありました[4]

1940年代：計算知能の誕生

　第二次世界大戦はAIの胎動を促しました。1942年、アラン・チューリングのボンブマシン（英国の暗号解読者が使用した電気機械装置）は

エニグマ暗号を解読し、世界初の計算する知能の事例となりました[5]。チューリングの才能はそれだけにとどまりません。1948年にTurochampを紹介し、チェスをするために訓練された最初のコンピュータプログラムの開発者としてその名を世界に知られることになりました。

1950年代：AIの知的基盤を築く

1950年、チューリングは自身の論文「計算する機械と知性」で「チューリング・テスト」を導入しました。彼の研究は、ウォルター・ピッツ（Walter Pitts）とウォーレン・マカロック（Warren McCulloch）に触発され、脳の神経細胞の動きを模したニューラルネットワークとよばれるアイデアを導入しました。1951年、マービン・ミンスキー（Marvin Minsky）とディーン・エドモンズ（Dean Edmonds）は、SNARC（Stochastic Neural-Analog Reinforcement Computer）とよばれる最初のニューラルネットワークマシンを構築しました[6]。これは今日のAIを語るうえで欠かせない一歩となりました。その後1956年の夏、ニューハンプシャー州ダートマス大学でのワークショップでAIが誕生しました[7]。ワークショップの出席者はそれぞれの分野で著名な人々で、AIが1世代以内に人間の知性に匹敵するマシンになると想像していました。このワークショップでの盛り上がりはコンピュータ・サイエンティストたちの楽観主義も相まって、世の中から多大な注目と資金を集め、将来の研究開発の舞台を整えたのでした。

1960年代：ロボットの出現と対話

1960年代はAIの進化がより具体的になった時代でした。1961年には、

最初の産業用ロボットであるUnimateがゼネラルモーターズの組立ラインに導入されました[8]。1964年には、最初のチャットボットであるELIZAがMITで開発され、心理療法セッションをシミュレートするために使用されました[9]。1966年には、自分の行動を推論できる最初の汎用AIロボットShakeyが登場しました[10]。Shakeyは自力でさまざまな部屋を移動することができたのです。テレビカメラ、距離測定器、無線通信、ステッピングモータで制御された駆動ホイールといった機能をもっていました[11]。

1970年代：野心が現実に直面する最初の「AIの冬」

1950年代と1960年代の飛躍的な発展が、人間の知能を複製するというロマンある挑戦へと科学者を駆り立てました。しかし1970年代半ばには、計算能力とデータ量の限界によってAIのパフォーマンスが期待外れであることがわかり、初めての「AIの冬」を招いてしまったのです。世間は、想像していた世界にAIが追いつくのは遠い先であると希望を失いました。NRCやDARPAなどの米国機関や米国政府、英国政府は、AIの革新性に懐疑的になり、AI開発プロジェクトへの資金を削減しました。

1980年代：希望の再興と第二の「AIの冬」

1980年代は、専門家たちによる国境を越えた研究や、これまでにない技術の採用によってAI技術が進展しました。認知科学とコンピュータ・サイエンスが交差する領域に興味をもつ2人の研究者、ジェフリー・ヒントン（Geoffrey Hinton）とデイビッド・ルメルハート（David

Rumelhart）は、ニューラルネットワークのトレーニングに「逆伝播」を普及させ、人工ニューラルネットワークの探求に新たな熱意を傾けました。また、日本は第五世代コンピュータプロジェクトに8億5,000万ドルという巨額の資金を提供しました。しかし80年代が終わると、再び幻滅の波が寄せてきて、第二の「AIの冬」の幕開けとなり数百のAI企業が買収されたり閉鎖されたりしたのでした。

1990年代：プラグマティズムとチェスで人間に勝利したAI

　次なるマイルストーンは1993年に訪れました。ヴァーナー・ヴィンジ（Vernor Vinge）が「The Coming Technological Singularity」を発表し、超AIが人類の時代の終わりを告げると警鐘を鳴らしました。1995年には、ELIZAの進化系であるチャットボットA.L.I.C.Eが登場しました。1997年には、IBMのディープ・ブルーが世界チェスチャンピオンであるガルリ・カスパロフ（Garry Kasparov）に勝利し、世界を驚かせました[12]。この勝利は、人類を凌駕するAIの潜在能力の高さに世間が気づくきっかけとなりました。

2002年から2006年：家庭用AIと深層学習の基盤構築

　iRobotは、戦場からリビングルームまでどこにでも行くロボットを製造することから始まりました。iRobotのAI掃除機であるルンバは2002年に発売され、AIを一般家庭に広めました。2000年代初頭には、ジェフリー・ヒントンが「Learning multiple layers of representation」で深層学習の基盤を著し、新しい時代のAI技術の礎を築きました。

2011年から2016年：AIが主流化し、市民権を獲得

2010年代初頭は、AIの認知度が爆発的に上がりました。2011年、IBMのワトソンは『ジェパディ！（Jeopardy!）』というクイズ番組で優勝し、同年にAppleの仮想アシスタントSiriが登場しました。2016年には、後にサウジアラビアの市民権を得るヒューマノイドロボット・ソフィアが誕生し、Google DeepMindのAlphaGoは囲碁でその真価を披露しました[13]。

2017年から現在：生成AI技術のブレイクスルー

2017年、Googleのトランスフォーマーモデルが AIの基盤となり、2020年までに OpenAIの Generative Pre-trained Transformer、通称GPTが登場しました。Statistaによると、ChatGPTは2022年のリリース後5日間で100万人のユーザーに達しました（Metaの Threadsも数時間で100万人のユーザーに到達しましたが、その多くは FacebookやInstagramなどのMetaの他のプロダクトから来たユーザーなので、オーガニックな広がりとなった ChatGPTとは直接的に比較はできません）[14]。

AI研究はこの10年世界的に取り組まれ、2020年には37か国にまたがる72件の人工汎用知能（AGI）のR&Dプロジェクトが活動しています。オープンソースな研究が活発化する現在、AIが絶えず革新し続ける未来が垣間見えてきたのです。ただし、AIの能力が向上するにつれて、倫理的に配慮すべき事柄も増えてきました[15]。詳しくは第10章「AI倫理の指針」にて掘り下げます。

第2章

生成AIのスーパーパワー

2.1 なぜいま、生成AIが注目されるのか?

GoogleのCEOであるサンダー・ピチャイ (Sundar Pichai) は、「AIは人類が取り組んでいるものの中でもっとも重要なもののひとつであり、電気や火よりも深遠だ」と述べています。ビル・ゲイツ (Bill Gates) もこの考え方に同意し、生成AIをパーソナルコンピュータやインターネットの登場に匹敵する革命的なテクノロジーのひとつと位置づけています。なぜ、いま生成AIが注目されるのか、その背景を探ってみましょう。

AIの民主化

かつては学術界や企業の一部の技術者集団内で閉じられていたAIに

関する議論が一気に民主化され、世界に大きなインパクトをもたらしました。OpenAIはその中でも重要な役割を果たしています。ChatGPTなどのツールを使用して、誰もが最先端のAI技術にアクセスできるようになり、世界の人々がAIの将来を考えるきっかけをもたらしました。技術的な知識がほとんどない85歳のおばあちゃんであっても、AIチャットボットと話して孤独を和らげることができる時代なのです。

技術のパラダイムシフト

生成AIの台頭には次の3点の技術的革新が不可欠でした。

1. **データの利用可能性**：私たちはデータで溢れる世界に生きています。 この豊かなデータの海は、生成AIモデルのトレーニングと最適化の基盤として不可欠です。
2. **ハードウェアの進化**：GPUやTPUなどの専用ハードウェアの登場により、複雑な生成AIモデルのトレーニング速度が加速しました。
3. **アルゴリズムの革新**：GAN（Generative Adversarial Networks：データを生成するモデルの一種）やTransformerなどの高度なニューラルネットワークの台頭。とくに、Google Researchによる2017年の画期的な論文「Attention is All you Need」で普及したTransformerの注意機構をもつGANは、生成AIの基礎を築いています。

とくに、アルゴリズムの革新には目をみはるものがあります。GANは、画像や音楽、文章などを自動的につくり出すことができ、あたかもふたつのチームが対戦するようにトレーニングしていくモデルです。ひとつ

は「生成者」で、データをつくり出そうとします。もうひとつは「識別者」で、本物のデータと偽物のデータを見分けようとします。この二者間の競争の中で、GANはよりリアルなデータの生成を学んでいきます。

　Transformerは、自然言語処理などのタスクに使われるニューラルネットワークの一種です。文章や音声などのシーケンスデータの処理に優れ、長い文章や複雑な関係性をもつデータの理解に役立ちます。たとえば、翻訳や要約、文章生成などのタスクに使われます。

　これらの技術の進歩により、非常に微妙なニュアンスを理解して出力できるようになりました。イノベーションの可能性は言語にとどまらず、Stable DiffusionやNeRFs（Neural Radiance Fields）などの新しい技術がその領域をさらに押し広げています。Stable Diffusionは生成されたデータにランダム性を加え、想像力豊かな画像を生成します。NeRFsは2D画像を詳細な3Dモデルに変換するツールです。

AIモデルの開発は新しい料理をつくるようなもの

　AIモデルの開発は、まるで新しい料理をつくるようなものです。選び抜かれた食材（データ）、レシピ（モデル構造とハイパーパラメータ）、調理技術（組織力）、最新のキッチン家電（GPU）が必要です。しかしどんなに完璧な料理も、仕上げのひと手間がなければ物足りません。AIの世界では、この仕上げのひと手間が「キラーアプリ」です。キラーアプリは、まるで人間のように話せるチャットボットであったり、欲しいものを先読みするレコメンデーションエンジンであったりするかもしれません。

　では、なぜいまこそ生成AIに着目すべきなのでしょうか？　答えは、データの利用可能性、ハードウェア能力、アルゴリズムの革新といった流れに世界的な関心の高まりが加わったからです。食卓は整い、キッチ

ンも準備万端、世界は生成AIが提供する変革の宴を求めています。いまこそ、この画期的なごちそうを世界にふるまうときであり、誰にでも食卓に座る機会が開かれているのです。

2.2 生成AIは本当に未来なのか？

AIを巡る話題はこれまでいくたびも浮沈を繰り返し、何かと過大評価されがちでしたが、今回は状況が異なります。OpenAIのChatGPTのようなAI企業のツールは類を見ないほどユーザーを惹きつけ、急速に導入されています。2022年後半に世間の注目を集めて以来、生成AIはテクノロジー業界でかつてない急激な成長を遂げる企業を牽引し、プロダクト開発や業界の覇権を握る原動力となってきました。

生成AIがもつ「スーパーパワー」

生成AIが世界中で人々を魅了する理由は、既存のプロダクト体験を飛躍的に向上させた価値を提供しているからです。本書ではこれらの変革的な能力を「生成AIのスーパーパワー」とよび、以下にその6つを紹介します（**図2-1**）。

1. **創造的なコンテンツ生成**：テキスト、画像、音声、ビデオ、コード、3Dデザインなど、さまざまなコンテンツの作成に優れています。自動化されたマーケティングからウェブサイトデザインまで、人間の創造性の新たな領域を開拓しています。
2. **シミュレーションと予測のためのデータ生成**：データが不足して

創造的なコンテンツ生成
音声、視覚、触覚など複数の入力手段（マルチモーダル）を組み合わせて新しい知識を作成します

適応型パーソナライゼーション
ユーザーからのフィードバックから学び、一人ひとりに合わせた体験をカスタマイズします

シミュレーションと予測のためのデータ生成
シナリオのシミュレーションを行い、結果を予測し、計画を立てます

リアルタイムのインタラクティビティ
リアルタイムでデータとユーザーの入力を分析し、対応します

タスクの生成、計画、実行
複雑なタスクを計画し、実行し生産性を上げます

専門知識の民主化
知識とスキルへの壁を取り除きアクセスできる人を広げます

図2-1 生成AIの6つのスーパーパワー

いる産業では、生成AIが合成データセットを作成し、抜けているところを埋めます。これは意思決定を支援するだけでなく、魔法の水晶玉のように将来のシナリオを予測して、市場動向の知見を提供してくれます。

3. **タスクの生成、計画、実行**：複雑なタスクの計画から効率的な実行まで、まるで現場監督のように機能します。過去の成果から学び、問題解決プロセスにおける各ステップを最適化し、継続的な改善を自然に行えます。

4. **適応型パーソナライゼーション**：高度な学習メカニズムに支えられたパーソナライゼーション能力が際立っています。レッスンのおすすめから教育のカリキュラム作成まで、個々のニーズに合わせた体験を提供できます。

5. **リアルタイムのインタラクティビティ**：リアルタイムAIはつねにいまこの瞬間を生きています。交通渋滞に即応して迂回路を示

したり、プレイヤーの動きに合わせてゲームが反応したりするなど、リアルタイムで分析・更新する能力は、インタラクティブな応答という新たな価値を発揮しています。

6. **専門知識の民主化**：これまで専門家でなければ使えなかったような高度な専門ツールを初心者にも手軽に利用できるようにします。専門的な知識のないユーザー向けのツール開発を加速させる原動力です。

　生成AIのスーパーパワーは特定の業界に限定されず、さまざまな分野で応用できます。生成AIはあらゆる文脈におけるAIの潜在的なインパクトを理解し、評価するための考え方を示してくれます。生成AIの探究と革新が進むにつれ、AIが私たちの生活に不可欠となる未来に近づいていくでしょう。第4章では、私たちの生活を支える生成AIのさまざまな活用方法を見ていきます。

生成AI市場の可能性と投資対効果

　2023年6月1日のBloomberg Intelligenceのレポートによると、生成AIの市場は指数関数的拡大の手前にあります。2022年に4000億ドルと評価された市場は、10年以内に1.3兆ドルに急成長し、年平均成長率は42％に達すると予想されています[16]。

　ChatGPTがわずか5日で100万人のユーザーを獲得し、その後の6か月で月間アクティブユーザー数が2億3000万人に膨れ上がっていることは、生成AIの市場潜在性が高い証拠を示しています。Facebookが初期のローンチから5年かかって、ChatGPTと同等の月間アクティブユーザー1億9700万人を達成したことと比べれば、そのスピード感がおわかりいただけるでしょう。

ChatGPTだけでなく、Midjourneyやcharacter.AIなどの企業も人気を博しています。MidjourneyのDiscordは、わずか1年足らずで1500万人へとメンバーが増加し、character.AIは9か月で月間1800万人のユニークビジターを獲得し、非常に高いユーザーエンゲージメントを記録しました。JanitorAIなどの新興企業もローンチからわずか数週間で100万人のユーザーを獲得しています。

　生成AIは従来のAIと異なり、「正解」を厳密に求めるのではなく、コンテンツ創作や人間との共創といった分野で真価を発揮します。こうした汎用性の高さから、エンターテインメントからカウンセリングや法律相談などの専門サービスまで、さまざまな領域を横断してまったく新しい産業を生み出す可能性を秘めています。

　経済面でも、生成AIは驚異的な効率性を提供します。人間が多くの時間とコストを費やすタスクを、ほんのわずかな時間とコストでこなすことができます。たとえば、生成AIは画像を1枚あたりおよそ0.001ドル、時間にして数秒で生成できますが、人間が制作すれば数百ドルと数時間を要することもあるでしょう。こうした経済的利点は高賃金分野にも波及し、コスト構造に抜本的な変革をもたらすでしょう。

　これらの革新的な経済性は、確かな収益に支えられています。ChatGPTの年間経常利益は5億ドルに迫っており、他の生成AI事業も同様に収益を拡大しており、運用コストを上回るペースで成長しています[17]。このような急激な収益拡大とユーザーの根強い課金は、生成AI市場におけるパラダイムシフトの兆候を示しています。

　パーソナルコンピュータやインターネットと同様に、生成AIは業界を再定義し、コンピューティングと人間とロボットが連携する新しい時代を切り拓きつつあります。

生成AIへの懐疑論：それは過大評価か？

　生成AIへの熱狂が高まる中、冷静な視点をもつことも大切です。第一に、多くの技術はまだデモ段階であったり遊び道具のようなものだったりするので、ビジネスへ持続的に寄与する道筋が示されていません。また、AIが生成する不正確またはつくられた情報、いわゆる「幻覚（ハルシネーション）」の問題があります。これらの「幻覚」はAIの信頼性だけでなく、誤情報やデータの整合性など、倫理的・法的懸念をも生み出します。

　さらにAI技術の拡大に伴い、コンピューティングリソースの潜在的な不足が露呈する可能性もあります。加えて、現在の生成AI技術の多くが類似した基盤モデル上に構築されている（「GPTラッパー」ともよばれる）ため、似たり寄ったりに見えます。こうした差別化の欠如は、持続可能な競争優位性の構築を難しくしています。そのため、初期の兆候は有望ですが、しばらくは様子見という慎重な見方も合理的かもしれません。生成AI開発はまだ初期段階にあり、第5章で詳しく探るように、前進への道には課題と限界が数多く残されています。

2.3　AIの進化は初期段階なのか？

　AIはその進化史において、まだまだ「幼少期」の段階といえます。なぜなら、私たちが普段ふれるAI技術のほとんどは特定の作業に特化しており、人間のように一般的・総合的な認知能力を欠いているからです。現在のAI技術にはさまざまな種類があり、それぞれ進化の段階が異なります。以下に主な例を見てみましょう。

- 狭小AI（弱いAI、従来型AI）：今日もっとも普及しているAIです。Siri、ルンバ、チャットボットのELIZAやA.L.I.C.E.などがあります。これらは特定のタスクに秀でていますが、あらかじめプログラムされたこと以上のことはできません。人間の要求に対応できる能力は限定的で、トレーニングデータとプログラミングされたルールに制限されています。
- 反応的なマシン：IBMのチェスAIであるディープ・ブルーをイメージしてください。このような機械は過去の行動の「記憶」がなく、リアルタイムで状況を分析し、その瞬時の分析に基づいて反応的に意思決定をしますが、あくまで反応的であり自主的ではありません。
- 限定的な記憶：自動運転車などのAIシステムは過去の経験を学習して将来の意思決定を行いますが、その学習にはまだ制約があります。学習を一般化して予期せぬ問題を解決するには至っていません。
- 生成AI：テキスト、画像、さらにはコードなどの新しいコンテンツを作成できる、AI世界の注目の新星です。より動的で適応した問題解決をする可能性がありますが、商用化の初期段階にあります。

AIの未来はどこへ向かうのか？

AIの未来としては、大きく分けて以下3つの方向性が考えられています。

- 汎用人工知能（AGI）または強いAI：AIの究極系です。あらゆる知的活動を通じて考え、推論し、学習できます。ソフィアやAlphaGoなどでその可能性の一端を垣間見ましたが、まだ実現にはほど遠いといえます。
- 人工超知能（ASI）：このAIは、人間の知能を模倣するだけでなく、

創造性や社会的活動を含め、すべての側面で人間を超えるようになるでしょう。

・**自己認識 AI**：感情、信念を理解し、自己認識さえもつ AI です。実現にはまだまだ時間がかかるとともにその倫理的な側面について、学者の間でさまざまな議論が行われています。

　AIの進化が初期段階にとどまっている理由は、私たちがあることに特化したAIや「狭小AI」に取り組んでいるためです。これらのAIは特定のタスクの遂行には優れていますが、より広い文脈に適用しようとすると機能しません。生成AIでさえ、精度、制御、倫理面での課題に直面しています。AIの「将来の目標」であるAGI、ASI、自己認識AIはほとんどが理論上のものであり、成長、改善、発見の余地がまだまだ残されているのが現実です。

第 3 章

技術基盤と業界構造

この章では生成AIの技術的な側面に踏み込んで解説します。技術的な専門知識を深めたい方には一読をおすすめしますが、より一般的な議論やアプリケーション活用に興味がある方は読み飛ばしても構いません。

3.1 生成AIの3つの技術基盤

まずは生成AIの技術基盤（テックスタック）を見てみましょう。技術基盤とは、ソフトウェア開発や運用に必要なテクノロジー、フレームワーク、ツール、インフラなどの集合体を指します。生成AIの技術基盤は基盤層、ツール層、アプリケーション層の3つで構成されています（**図3-1**）。以下、それぞれの層について詳しく説明します。

図3-1 生成AIの3層の技術基盤

基盤層

　基盤層は、生成AIのすべてを支える土台です。ハードウェアやクラウドプラットフォーム、データソース、基本的なAIモデルといった必須要素が含まれます。いわば、AI技術のためのインフラと原材料にあたります。

　これらは、AI技術のハードウェアとソフトウェアの両面で欠かせない要素です。

・ **ハードウェア**：GPU（NVIDIA）、TPU（Google）
・ **クラウドプラットフォーム**：Amazon Web Services（AWS）、Google

Cloud、Microsoft Azure
- **データ**：オープンソースのデータライブラリとプロプライエタリ
  データ
- **基本的な AI モデル**：クローズドソース基本モデル（OpenAI、
  Anthropic、Cohere など）、オープンソース基本モデル（Stable
  Diffusion、GPT-J、Flan T-5、Meta Llama など）

ツール層

　画家が美しい風景画を描くには適切な道具が必要なように、生成AI
開発にも強力なツールが必要です。生成AIのツール層は、建築家や施
工者が豊富な道具を手に入れ、デベロッパーがビジョンを実現させるた
めの場所です。

　生成AIインフラの複雑な仕組みを深く知らなくても、専門知識を活
用することができます。

- **開発者ツールとフレームワーク**：急速に進化する AI 開発とアプリ
  ケーション開発プロセスを統合し、反復作業を強化します。
- **データ特化ツール**：データの準備、ラベリング、保存、索引（ベク
  トルデータベースなど）、データ管理（バージョン管理、ガバナンス）
  などを支援します。
- **モデル特化ツール**：モデルの選択、トレーニング、微調整、評価、検証、
  シミュレーション、監視などを支援します。

アプリケーション層

　アプリケーション層は、生成AI技術を統合したユーザー向けのプロダクトで構成されます。水平アプリケーション（対象メディアや機能別）と垂直アプリケーション（業界別）に分類できます。

- **コーポレート機能・ユースケース別**：営業・顧客サポート、デザイン、検索、セキュリティ、生産性ツールなど
- **業界別**：教育、消費者、エンターテインメント、法律、金融、医療、モビリティなど
- **アウトプット形式・手段別**：テキスト、音声、画像、動画、3D、コード、マルチモーダル、アクション、ロボット、エージェントなど

　基盤層、ツール層、アプリケーション層の3つの層が連携して、強力かつ多用途な生成AIの風景を生み出します。**図3-2**はこれらの層に基づいた生成AI業界のランドスケープマップです。

図3-2 生成AI業界のランドスケープマップ

（出典：Andreessen Horowitzによる記事「Who Owns the Generative AI Platform?」[18]
およびTranslink CapitalのKelvin Muによる生成AI市場マップに基づき作成 [19]）

3.2 生成AIの技術基盤を知っておくべき理由

技術基盤を知っておくべき3つの理由

　起業家やプロダクトマネージャー、意思決定者は生成AIの技術基盤の基礎を理解しておく必要があります。その理由は以下の通りです。

- 意思決定の強化：適切なツールやテクノロジーを選択し、開発をプロジェクトの目標と適切に連携させることができます。
- 自社の適応性と将来への備え：進化する開発環境への柔軟性が高まり、新しいテクノロジーやトレンドへの適応が容易になります。
- 戦略的イノベーション：生成AIの新たな可能性や応用を見出し、イノベーションを促進することができます。

生成AIの技術基盤には何が含まれているか？

　生成AIの技術基盤の基本要素は次の5つに大きく分けられます[20]。

1. アプリケーションフレームワーク：AIソリューションを構築するための設計図

　生成AIにおけるアプリケーションフレームワークとは、アプリケーションを標準化に対応した方法で開発するためにあらかじめ構築されたものです。LangChainやFixie.aiのようなフレームワークは、一連のツールとプロトコルを提供し、開発プロセスを合理化・高速化します。

プロダクトマネージャーにとって、これらのフレームワークはきわめて価値があります。なぜなら、迅速なイテレーションと早期市場投入を可能にするからです。

インフラレベルの専門性の高い技術を深く理解しなくても、コンテンツ生成からセマンティックシステム（単語やフレーズの意味、関係、文脈を理解し、情報を処理し解釈する）まで、さまざまなアプリケーションの構築を容易にします。

起業家やプロダクトマネージャー、企業の意思決定者は顧客ニーズとイノベーションに注力できるようになり、これらのフレームワークは生成AIプロダクトの開発と導入の礎石となります。

2. 基盤モデル：生成AIの脳

基盤モデル（Foundation Models）は、生成AIアプリケーションの脳として機能し、人間のような推論ができるものです。さまざまな形式で提供され、出力品質、コスト、遅延などを鑑みてクローズドソースの専用モデルか、増え続けるオープンソースかを選択します。基盤モデルは汎用モデル、特定目的モデル、ハイパーローカルモデルの3種類があり、それぞれ以下の特徴があります。

- 汎用モデル：OpenAI や Anthropic などのベンダーが提供する、幅広いタスクを実行できる多用途エンジンです。
- 特定目的モデル：e コマースの商品説明など特定のタスクに特化したモデルです。
- ハイパーローカルモデル：専門的で独自のデータを使用して、非常に正確でカスタマイズされた出力を生成します。企業の内部データでトレーニングされたハイパーローカルモデルは、企業特有の市場環境やビジネス慣行に合わせたリアルタイムの事業予測を生成できます。

　プロダクトマネージャーは、低レイテンシーのパフォーマンスや高品質の出力を目標とする場合など、プロダクトの目標に合わせて適切なモデルを選択または組み合わせるために、基盤モデルの複雑さを理解する必要があります。第7章「MVPづくりとプロダクト設計」では、基盤モデルを選択する際の検討事項やオープンソースか自社独自モデルかのどちらを選ぶべきかという問題について説明します。

　さらに、ホスティングオプションも多様化しています。OctoMLなどにより、エッジデバイスやブラウザへのデプロイが可能になり、プライバシー、セキュリティ、コスト要件においてより柔軟性が広がりました。これにより、プロダクト開発プロセスで利用できる選択肢が広がり、基盤モデルの深い理解が不可欠になっています。

3. データ：AIエンジンの燃料

　データローダーとベクトルデータベースは、生成AIの技術基盤をよりスマートで機能的なモデルにする重要な要素です。起業家やプロダクトマネージャーや意思決定者にとって、これらのツールへの理解は欠かせません。

- **データローダー**：データベースから取得した構造化データや、PDFやPowerPointなどの非構造化データなど、さまざまな種類のデータを取り込むことができます。データローダーへの理解は、適切なデータソースがパーソナライズドコンテンツ生成やセマンティック検索（従来のキーワードベースの検索とは異なり、セマンティック検索は言語の意味や文脈を理解して、ユーザーが求める情報に合致するより正確な結果を返す）などのAI出力を、どのように形づくるかを検討するのに役立ちます。
- **ベクトルデータベース**：非構造化データを効率的に検索したい場合にベクトルデータベースを利用します。データを取り込み、AIが

理解できる形式（エンベディングとよばれる）に変換し、迅速に検索するために保存します。これらを活用する方法を知っておくと、効率的でスケーラブルなソリューションを構築する指針となります。

- **コンテキストウィンドウ**：コンテキストウィンドウは、AIモデル自体を変更せずに、パーソナライズされたモデル出力を可能にして、アウトプットをさらに洗練させます。LangChainやLlamaIndexなどのプラットフォームは、基礎となる技術を修正せずに、カスタマイズされた情報をAIのワークフローに簡単に組み込むための手段を提供します。

4. 評価プラットフォーム：AIパフォーマンスのテスト場

大規模言語モデル（LLM：Large Language Model）を最適化するには、評価プラットフォームが必要です。プロンプトエンジニアリングツールは、技術的に高度な専門知識がなくてもさまざまなモデル間でプロンプトのイテレーションを可能にします。Statsigのような実験ツールは、機械学習エンジニアがプロンプト、ハイパーパラメーターを微調整できるようになります。

また、本番環境でのモデルパフォーマンスの評価にも役立ち、ステージング環境でのオフライン評価で生じる問題を避けることができます。さらに、WhyLabsのLangKitなどのオブザーバビリティプラットフォームは、モデル出力品質、誤用防止、AIの倫理的なふるまいなどのチェックを行います。

これらのツールを理解することで、より優れたプロジェクト管理とリスク評価ができるようになります。

5. デプロイメント：現実世界の活用のための発射台

開発において、Gradioなどのプラットフォームを使用してセルフホス

ティングするか、サードパーティサービスを利用することができます。
Fixie.aiは、AIエージェントを本番環境で作成、共有、デプロイするための ソリューションとして際立っています。

　このように、アプリケーションフレームワークからデプロイメントオプションに至るまで、生成AIの技術基盤を理解していれば、よりスマートな意思決定を行い、進化する技術トレンドに適応し、イノベーションを推進することができます[21][22]。

　これらの基本要素がどのようにさまざまな生成AIアプリケーションを実現するのかを次章で紹介していきます。

第4章

アプリケーションの
多様性

4.1 生成AIが実用化されている業界はどこか？

　CB Insightsが発行する2023年版の「AI100」レポートによると、さまざまな分野で活躍が期待される100のスタートアップが挙げられており、2019年以降の資金調達総額はなんと220億ドルにも達しています[23]。とくに注目の集まるMicrosoftによるOpenAIへの130億ドルの投資は業界の話題をよびました。

　これらの先駆的な企業の中でも、とくにメディアとエンターテインメント分野での生成AIアプリケーション開発に注目が集まっています。character.ai、Descript、Runwayなどの企業は、チャットボットのインタラクションからビデオ編集まで、さまざまな領域を再定義するようなアプリケーションを提供しています。

実用化の最前線：アプリケーション層

　生成AIの世界では、一般ユーザーを対象とするアプリケーション層に世間の注目が集まっています。GPS技術がUberやGoogleマップのような革新的なサービスを生み出したように、生成AIは現実世界のニーズに適応し、既存の価値観を破壊して新たな価値を生み出すプロダクトを生み出しています。

　プロダクトマネジメントに携わる人はこの交差点に立ち、ユーザーニーズとデータの流れの複雑さを把握しなければなりません。アイデアと現実が交わるこの場所で、生成AIは単なるツール以上の強力な支援者であり、シナジーを生み出すコラボレーターへと進化します。

　生成AI技術は自動化、効率化、最適化への新たな道を切り開き、プロダクトのビジョンを描き出す手助けとなります。また、大規模なデータに基づく定量的側面とユーザーニーズに基づく感情的側面の両面からチューニングしたプロダクト開発を支援します。

　支援者とコラボレーターという二重の役割を果たす生成AIは、起業家やプロダクトマネージャー、意思決定者が問題を解決するだけでなく、ユーザーに深く共鳴するプロダクトの提供を素早くサポートしてくれるのです。

　さて、生成AIアプリケーションがどのように私たちの生活、仕事、そしてコミュニケーションの形を変えているのかを見てみましょう。なお急速に進化する分野の特性上、ここで紹介した事例は今後変化する可能性があることを断っておきます。

テキスト生成

　テキスト生成分野の先鋒といえば、OpenAIのChatGPTです。会話形式やフォーマルな形式など、多様なテキスト生成を得意としています。テキスト生成分野は急速に多様化し、ニッチな分野をターゲットにした特化型サービスも登場しています。たとえば、Sudowrite[24]やVerb.ai[25]は、物語のプロットのブレインストーミングから繊細なニュアンスのストーリーテリングまで、創造的な執筆活動を支援するプロダクトです。

　テキスト生成におけるAIの進化は、個人の創造性の分野にとどまりません。ソーシャルメディアやマーケティングの世界では、Copy.ai[26]などのプラットフォームが、説得力のあるマーケティングコピー、ブログ記事、商品説明を数秒で作成し、コンテンツ作成プロセスを大幅に短縮しています。

　営業チーム向けには、Lavender[27]などがあり、効果的な売込みのメール作成を支援し、返信率を向上させ、顧客とのエンゲージメントを高める役割を果たします。分析的な用途では、Viable[28]やOtter.ai[29]などは顧客からのフィードバックを処理し、会議を文字起こしし、意思決定に役立つ要約の作成が可能です。

視覚メディア生成

　生成AIは画像、動画、キャラクター、アニメーション、デザインといった視覚メディア分野にも活用され、従来のこれらの分野とテクノロジーの関わり方を根本的に変えています。

　この分野を牽引するプロダクトとしては、Midjourney[30]やStable Diffusion[31]があります。これらは、シンプルなテキストプロンプトと

スタイルによって独自のアート作品を生成し、誰もが創作できる機会を広げました（**図4-1**）。

Adobe Firefly[32]やLightricks[33]は、画像操作の概念を再定義し、画像をリミックス、アップスケール、アニメーション化、強化する方法を提供しています。

動画制作では、Descript[34]やRunwayML[35]などは編集の枠を越え、ゼロから動画を生み出す方向へと領域を拡大しています。たとえば、RunwayMLは画像、ビデオクリップ、またはテキストプロンプトを魅力的な映画作品に変換します。Synthesis AI[36]やBHuman[37]などは、魅力的なプレゼンテーションビデオの作成や営業ビデオのパーソナライズも可能にし、視聴者の体験を向上させています。

図4-1 Midjourneyで作成した「Unifly」。蝶とユニコーンの象徴性を融合し、変身と魔法を表した作品です

パーソナライズされたアバターの分野では、Lensa[38]はユーザーが独自の生成AIモデルをトレーニングできる、オーダーメイドのAIアバターを作成します。企業向けには、Soul Machines[39]がより効果的な顧客やスタッフとのコミュニケーションのためのAI「トーキングヘッド」を提供しています。Kinetix[40]やFlawless AI[41]などは、モーショ

ンキャプチャアニメーションとビジュアルダビングの分野で、アニメーションとリップシンクを新たな高みへと導いています。

　音声領域では、Boomy[42]やRiffusion[43]などはゼロから音楽を生成し、Resemble[44]はスタジオ品質のボイスオーバーを生成します。さらに、Metaphysic[45]はアーティストやセレブの超リアルなディープフェイク動画生成の先駆者で、エルヴィス・プレスリー（Elvis Presley）をスクリーン内に「蘇らせる」という取り組みで注目を集めました。この生成AIはエンターテインメントの変革的かつ倫理的に複雑な未来を示唆しています。

　生成AI技術はまだ初期段階であるため、現在市場に出回っている多くのアプリケーションは、個々の要素の生成にとどまっています。つくり手にとって、こうしたさまざまな要素を組み立ててひとつのストーリーに仕上げるのは大変なことで、一貫性の維持やコラボレーションの促進という課題が積み残されています。

　シリコンバレーのCreateIn AILabsは、9,000億ドル規模のコンテンツマーケティング業界に革命を起こしています。同社は、市場の断片化とユーザーの不便という課題に取り組み、世界初のAIストーリービデオ生成ツールを開発し、個人や企業が説得力のあるストーリーテラーになれるように支援しています。

仕事と生産性

検索と発見
　Googleの検索バーに質問を入力すると検索結果画面は膨大なリンクで溢れかえり、その中には矛盾した情報や広告宣伝が含まれていることが多々あります。これは誰もが経験したことがあるのではないでしょう

か？　しかし、これとは異なる体験を想像してみてください。自由なチャネルや手段で検索し、シンプルな回答を平易な言葉で得られる。さらに詳しい情報が欲しければ、適切なリンク先も用意されている。そんな未来に向けて、情報検索や共有のあり方を進化させる次のような企業が現れています。

- Perplexity AI[46]:特定のチャネル（YouTube、Reddit、Wikipedia など）内で検索し、検索結果の正確性と関連性を向上させます。
- You.com[47]:コーディング、動画、教育、事実確認、金融、ハウツー、ニュース、情報などを網羅する 150 以上のアプリ内でパーソナライズされた検索を行い、短時間で目的の情報を見つけられるようにします。
- Consensus[48]：科学分野の検索を強化し、何百万もの研究論文から知識を抽出し、人気の情報ではなく情報源の信頼性を優先して表示します。
- Twelve Labs[49]：動画コンテンツを検索可能にし、アクセス可能な情報の範囲を広げます。

実際に、Preplexity AIで以下のような質問をしてみてください。

Perplexity AIプロンプト：
5人家族向けの安全性の高いハイブリッドSUVを、価格が4万ドル以下で見つけるのを手伝ってください。

すると、その検索結果は、特定のニーズに基づく選択肢を編集し、さらに精度を上げて検索するために追加の関連質問を返してきます。

企業ユースにおける検索とナレッジマネジメント

　言語モデルは消費者向けの検索体験のみならず、企業内における検索やナレッジマネジメントにも変革をもたらしています。Dropboxは、AIを活用したユニバーサル検索機能Dropbox Dash[50]をリリースしました。ひとつの検索バーに入力すれば、すべてのツール、コンテンツ、アプリから検索してくれます。Glean[51]は社員か、パートタイム契約者か、管理者かといった、所属や部署を把握し、パーソナライズされた権限に基づいてアクセス可否のドキュメントを判別して機密情報を保護します。また、自然言語クエリを理解し、企業独自のデータベースにも対応しています。100以上のアプリコネクタとの連携とセットアップ、拡張性を備え、単一SaaS／アプリ検索や接続数制限が多い従来の検索競合（Microsoft、Google、Amazon、IBM、Oracle、Coveo、Lucidworks、Mindbreeze）との差別化に成功しています。

デザイン

　生成AIはプレゼンテーションやデザイン業界にも大きな変革をもたらしています。Tome[52]とBeautiful.ai[53]は生データを説得力のある物語を有する見た目も魅力的なスライドに変換します。生成AIはデザインプロセスも大きく合理化しました。Canva[54]やMicrosoft[55]といった大手企業は既存プラットフォームにAIを統合しつつあります。

　Galileo AI[56]は、テキストの指示によって美しいUIデザインを生成する「インターフェースデザインコパイロット」を提供しています。Magician[57]とUizard[58]は、デザインプロセスの自動化により、プロトタイプの作成を迅速にし、デザイナーはUXデザインの戦略策定に注力できます。Monterey[59]は、埋め込みウィジェット、リクエストポータル、CRM、ソーシャルメディアなどとの連携を含むフィードバックインフラを構築できるツールを提供しています。Montereyは、ユーザーがより多くのフィードバックを共有するように促す体験を設計し、企業

がユーザーをより理解して戦略的な意思決定を行う支援をしています。

営業、マーケティング、カスタマーサクセス

　営業、マーケティング、カスタマーサクセスといった職務は、あらゆる企業の生命線であるとともに、生成AIの出現により仕事内容の転換点にさしかかっています。企業は人間の洞察と直感だけに頼るのではなく、AIを活用して自動化・パーソナライズし、対応を最適化するようになっています。カスタマーサクセスも、顧客に合わせて瞬時にシームレスな体験を提供するAI技術によって劇的に変わりつつあります。

　Coldreach.ai [60]、Intently.ai [61]、Regie.ai [62]、Twain [63] などの営業自動化スタートアップは、売込みとリードジェネレーションを拡大し、潜在顧客の特定、エンゲージメントの簡素化、顧客の理解とパーソナルな関係構築を支援します。Second Nature [64] はAIによるロールプレイングで営業担当者のスキルアップを図り、Walnut [65] はインタラクティブでパーソナライズされたプロダクトデモを作成します。Sameday.AI [66] は営業担当者の電話への対応、メールやチャットへの返信、リードのフォローアップなどの業務を担えます。

　Cresta [67]、Ada [68]、ASAPP [69]、Birch AI [70]、Dialpad [71]、Forethought [72]、Observe.ai [73]、OpenDialog [74] などのスタートアップは、AIチャットボット、インテリジェントコンタクトセンター、リアルタイムのカスタマーサポート分析など、さまざまな方法で顧客とのやりとりを強化しています。これらのスタートアップは、AI革命を牽引しており、営業、マーケティング、カスタマーサクセスの未来を告げています。

法務、金融、人事

　Harvey [75]、Spellbook [76]、Casetext [77] などの生成AIソフトウェアは、さまざまな規模の企業において、会計、法律、人事の分野で効率性、正確性、生産性の向上を促します。Harveyは法務契約書やその他の文

書を分析する仕事を自動化します。Spellbookは関連する判例法、法令、規則を引き出せる法律調査アシスタントによって、法律サービスの民主化を目指しています。また、契約書をレビューし適切な表現に調整し、従来よりも3倍速く契約書を作成できます。Casetextは法律調査の簡略化と検索結果を改善し、ブリーフレビューも支援します。

　財務分野においても、財務データ分析の簡素化、将来に起こりうるシナリオと洞察の提案、反復タスクの自動化などを行い、人間が意思決定に注力できるように支援しています。Truewind[78]とKick[79]は、経理業務の自動化と強化を担います。

　人事や従業員とのコミュニケーションの分野では、Effy AI[80]とOnLoop[81]が従業員のエンゲージメントとパフォーマンスを見るツールを提供しています。Paradox[82]は会話型ツールによって候補者のスクリーニング、面接のスケジュール設定、質問への回答、フィードバックの収集などHRワークフローの合理化と自動化を行います。

　これらの生成AI企業は、作業の自動化、合理化、生産性向上のための新しい方法を導入し、新たな時代の到来を先導しています。

教育

　世代や場所に関係なく、誰もがパーソナライズされた語学学習指導を受けられる世界を想像してみてください。リアルタイムで会話し、発音を矯正し、状況に応じた言葉遣いをアドバイスしてくれるAI教師が現れつつあります。AIプラットフォームPoised[83]は、まさにそんなパーソナルコーチとして、ビジネスプレゼンテーションから心温まる会話まで、あらゆる場面でコミュニケーションスキルを磨く手助けをしてくれます。さらにユーザーの話し方をモニタリングし、影響力や説得力を分析してスコア化し、より自信をもって明瞭に話すためにコーチングして

くれます。

　生成AIの活用は特定分野の学習だけにとどまりません。課題に苦戦する学生を助ける英文ライティング支援ツールGrammarly[84]は、励ましてくれる英語教師のように、ライティングの悩みを解消し、文体を洗練させ、表現力を向上させてくれます。

　Khan AcademyのKhanmigo[85]は学習者に合わせて個別にクリティカルシンキングを促し、適切な教材を示すだけでなく、教師側の事務作業量も軽減します。語学学習アプリDuolingoは、GPT-4を活用してフィードバック機能を強化し、学習体験を向上させるふたつの新機能を開発しました[86]。Duolingo Maxは、練習やテストの回答の正誤を詳細に教えてくれるので、まるでチューターから細かくフィードバックされているような体験となります。もうひとつは、AIキャラクターの「店員」とやりとりしながらカフェで飲み物を注文するなど、ロールプレイングを通して語学を練習できます。それぞれのAIキャラクターは学習者が効率的に学べるよう、独自の個性とバックボーンをもっています[87]。

　高等教育では、CheggMateは大学生を対象とした課題サポートプラットフォームにGPT-4を導入し、学習を支援しています。同様に、オンラインコースを提供するUdacityもGPT-4を利用して、AI家庭教師を開発しました。このAI家庭教師は、学生一人ひとりのニーズに合わせた個別指導を行い、詳細な解説、複雑な概念の簡素化など、パーソナライズされた学習プロセスを提供します。これらの事例は、生成AIが教育体験を根本的に変革する可能性を示しています。

　学問領域を超えて、キャリア開発の分野でも生成AIの活用が進んでいます。Practica[88]はドメインエキスパートによるカスタムAIを活用して、キャリアにおける停滞を打破するための具体的なステップを提案します。まるで経験豊富なメンターのように、一人ひとりに合ったアドバイスを提供します。

　生成AIは単なる教育ツールではなく、学習者と教育者を支える不可

欠なパートナーであり、教育プロセスとなるでしょう[89]。生成AIがもつ教育的可能性は、地理的境界や社会的・経済的格差を超えて、質の高い教育が特権的なものではなく、誰もが平等にアクセスできる権利となる未来を切り開くでしょう。

人間同士および人間とAIの関係は将来どうなるのか?

人生を音楽にたとえれば、メロディーの中でもっとも美しい音色は、人間同士のつながりがハーモニーを生むところにあります。生成AI時代が到来する中、私たちは新たなハーモニーを生み出す舞台の上に立っています。人間特有の響きが、AIの力強いリズムと共鳴する世界です。

AIが日常に溶け込むにつれて、仕事と生活の境界は曖昧になってきています。AIは徐々に、私たちの感情的な幸福を向上させる役割を果たしつつあるのです。この分野を牽引しているのが、感情にフォーカスしたAIプラットフォームInflection[90]です。InflectionのチャットボットPiは、孤独な夜やつらい日々に寄り添うことで、心に安らぎをもたらしてくれます。つねに身近にいて話を聞いてくれ、理解・肯定し、慰めてくれる存在です。AIコンパニオンのReplika[91]やcharacter.ai[92]は、人間が抱く恐怖から希望まで、あらゆる感情を安心して共有できる心理的空間を提供しています。これらのツールは、人間にとってもっとも大切な人間関係を維持する際の複雑な精神活動をサポートしてくれます。

一方でWoebot Health[93]やWysa[94]などのプラットフォームは、FDA(米国食品医薬品局)から一部の精神衛生上のトラブルに有効であるという承認を受けており、パーソナライズされたセラピーとメンタルヘルスのウェルネスコーチとして支援してくれます。元Tinder CEOのレナーテ・ナイボルグ(Renate Nyborg)が率い、アンドリュー・ン(Andrew Ng)のAIファンドが支援するMeenoは10億の人々に向けて、その中で

もとくに若者が人間関係を築く術を身に付けられるようにサポートすることを目指しています[95]。

　私たちは、将来的に生成AIを単なる機械的な存在ではなく、人間関係の改善を助けてくれる力になると考えています。AIは私たちの交流に新たな息吹を吹き込み、感情的なつながりを深め、個人的および仕事上のやりとりを豊かにしてくれます。

　生成AI時代において、私たちはAIが人間関係を再定義するのをただ見守る傍観者ではありません。むしろ人間関係を形作っていく主体者です。私たちは、AIが人間関係の本質を凌駕する存在となるか、あるいは人間関係を拡張し増幅させるかという岐路に立っています。テクノロジーと人間性が調和し、交響曲として響き合うことで、より豊かなつながりのある未来への可能性が開けるのではないでしょうか。

4.2　生成AIとロボット工学の未来

　急速に発展する研究分野のひとつが「身体性をもつAI（Embodied AI）」です。具体的には、物理世界と相互作用を行うエージェントの開発です。現実世界または仮想世界内で視覚的な表現をもち、銀行窓口や旅行アシスタントなどの仕事ができるように最適化されています。身体性をもつAIは、コンピュータビジョン、言語、グラフィック、ロボット工学を組み合わせることで、単純な物体認識から複雑な意思決定プロセスまで、幅広いタスクを担えるエージェントとなります。

　近年、深層学習、強化学習、生成AIの進歩により、研究者たちは物理世界と実際にやりとりできるエージェントを開発しています。この節では、とくに生成AIエージェントとロボット工学に焦点を当て、身体性をもつAIの最前線を探ります。

生成AIエージェント

AIエージェントは「AI副操縦士（Copilot）」とよばれ、高度な推論、記憶、計画、そして対話といった複雑なタスクを実行できるシステムです。

OpenAIのリリアン・ウェン（Lilian Weng）のような研究者たちは、大規模言語モデルを搭載したエージェントシステムの構造と構成要素を明らかにしています（**図4-2**）。このシステム内では、大規模言語モデルはエージェントの脳のように機能し、計画、記憶、ツールなどの主要な機能と連携します。

計画においては、複雑なタスクを小さなサブゴールに分割し、過去の行動を省みて将来のパフォーマンスを向上させます。記憶（短期と長期）により、プロンプトから学習し、長期間にわたって情報を保持できます。ツールは外部情報やリソースにアクセスし、必要な実行可能なアクションを実行するための問題解決能力を強化します。

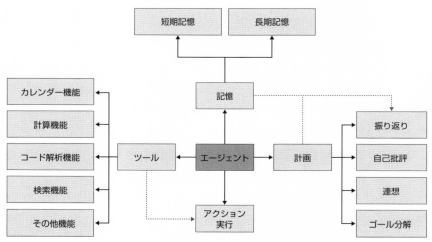

図4-2 OpenAIのリリアン・ウェンが作成した大規模言語モデルを搭載した自律エージェントシステムの概要 [96]

　現在、ChatGPTはまだタスクごとに人間の手動入力に頼っているため、エンドツーエンドのワークフローを管理できる「自律生成エージェント」への関心が高まっています。スタンフォード大学とGoogleの研究者による「Generative Agents」という研究では、大規模言語モデルを搭載したエージェントによってつくられた25人の仮想キャラクターがサンドボックス内で対話し、記憶、計画、振り返りの能力をもつ人間の行動を模倣するという実験を行っています。

　生成AIエージェントは、オンラインでの食事注文のような簡単なタスクから、投資戦略の策定や会議の要約作成などの複雑なタスクまで、さまざまな仕事を担えます。AutoGPT、BabyAGI、CAMEL（Communicative Agents for "Mind" Exploration of Large Scale Language Model Society）など、概念実証（PoC）プロジェクトが登場したことで活気がありますが、リスクと課題とも隣り合わせです。

　生成AIエージェントをより深く理解するため、ブログ「Generational」の著者で投資家兼ライターであるケン・ソー（Kenn So）による認知モデルを見てみましょう（**図4-3**）。人間の思考における認知構造の要素を分析し、AIを使って人工的な心（AI界における最大の目標）をつくり出す方法を考案しています。

　ケン・ソーは、知覚、短期作業記憶、2種類の長期記憶（手続き記憶と宣言記憶）、運動機能、それらすべてを管理するオーケストレーター機能の6つからなる一般的な認知モデルを提案しました。

　各コンポーネントの概要を以下に示します。

・**知覚**：人間と同じように、感覚データを取得して処理します。チャットボットの自然言語処理アルゴリズムや画像認識のコンピュータビジョンなど、AIのデータ収集と初期処理を行うフロントエンド層と考えられます。
・**短期作業記憶**：一時的なデータ処理のための領域です。生成AIに

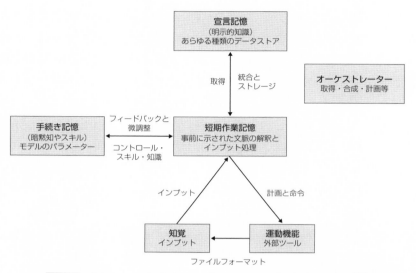

図4-3 ケン・ソーによるコンピューティングの認知モデル [97]

　おいては、大規模言語モデルのコンテキストウィンドウに似ており、即時のやりとりを迅速に参照できるように保存します。

- **手続き記憶**：AI のスキルや習慣の貯蔵庫です。プロダクトに組み込まれたルールやルーチンであり、倫理指針や自動応答などにあたります。

- **宣言記憶**：事実や出来事を保存するデータベースです。プロダクトチームは、相互関連する事実を保存するための知識グラフや数値データを保存するためのベクトルデータベースなど、さまざまなデータベースを使用します。

- **運動機能**：外部システムとやりとりします。メール送信や API コールの実行などにあたります。

- **オーケストレーター**：他のすべての要素を連携させます。いつデータベースからデータを取得するか、データをどのように作業記憶に送り込むか、タスク管理をどのように実装するかなどを指示するシ

ステムです。

「オーケストレーター」は指揮者のように、各機能がいつどのように連携するかを指示します。ユーザーが生成AIプロダクトとやりとりすると、「知覚」がユーザー入力を理解します。「短期作業記憶」は一時的にこのデータを保存し、「オーケストレーター」が「宣言記憶」から関連情報を取得します。「手続き記憶」はどのようにやりとりするかについてのガイドラインを提供し、「運動機能」は必要なアクションを実行します。このように、すべての機能がつねに同期しており、一貫したユーザー体験を実現できます[98]。

AIエージェント事例

AIエージェントへの道のりは、OpenAIのGPT-4のリリースによって大幅に加速しました。現実世界の不確実性を乗り越える可能性を感じさせてくれます。

Microsoft 365 Copilot[99]は創造性を発揮し、生産性を底上げし、AIエージェントとしてのスキルも同時に向上するという3つのアプローチで人間作業の変革を目指しています。たとえばWordのCopilotは、ユーザーは最初に下書きが用意されているところから執筆を始められ、ゼロから書き進めていく必要はありません。

PowerPointのCopilotは過去のドキュメントから関連するコンテンツを参照して美しいプレゼンテーションをつくる手助けをしてくれます。ExcelのCopilotはトレンドを分析し、データ可視化を数秒で作成するのに役立ちます。OutlookのCopilotは長い電子メールのスレッドを要約したり、提案された返信を作成したりするなど、さまざまな方法で作業負荷を軽減します。TeamsのCopilotは打合せの論点を吸い上げ、次への

アクションの提案までさまざまなタスクを行います。VivaのCopilotは
パーソナライズされた学習履歴から関連するリソースの発見、学習スケ
ジュールの設定まであらゆることを行います。GitHubのCopilot[100]は、
開発者が作業を改善するヒントとなるコード変更と最適化を推奨してく
れます。

　Microsoftによると、GitHub Copilotを使用している開発者のうち、
88%が生産性が向上し、74%がより充実したタスクに集中でき、77%が
情報や例を検索する時間が削減されたとしています。個々の効率を向上
させるだけでなく、組織向けの新しいモデルを導入し、現在は未使用で
アクセスが困難な膨大なデータを効果的に活用できるようにしていま
す。

　生成AIエージェントのその他の例としては、会議の記録を書き起こ
すZoomのTranscription Service[101]があります。これにより、メモを
取ることや議事録をとることが簡単になります。SalesforceのEinstein
GPT[102]は、営業やマーケティングチームに顧客のインサイトや次に
すべきアクションを提供します。Adobe Sensei[103]は、Adobeのソフ
トウェアのワークフローとコンテンツ作成タスクを支援します。Asana
Intelligence[104]は、作業量と専門知識に基づいてタスクを割り当て、
執筆アシスタントとして機能します。

　スタートアップの生成AIプロダクトとして、議事録を取ったりタス
ク管理を自動化・最適化するAIチームアシスタントの開発が急増して
います。Adept[105]は、チームの効率と生産性を向上させるアシスタン
トを構築しています。Cogram[106]とSembly AI[107]は、Web会議の議
事録を取り、アクションを追い、その後のタスクを自動化するアシスタ
ントを提供しています。また、the Gist[108]はSlackの議論を要約できる
ツールを提供しています。

AIエージェントの限界

　AIエージェントの限界も認識されてきています。現在はまだ概念実証に過ぎず、実際に非論理的な解決策を提案することもあります。業界はAI開発において、人間の偏見の助長、誤情報の生成、有害なものの偶発的あるいは意図的な生成可能性といった倫理的な課題を抱えています。

　AI倫理に則ったアプリケーションを構築する方法や、注意すべき法的、倫理的、社会的な影響については第10章「AI倫理の指針」を参照してください。

　ただ長期的には、多くの生成AIアプリケーションが人々との関係性を更新し、人間の働き方を根本的に変えるでしょう。学習曲線に則るようにAIとの新しい働き方に適応できる人々は競争上の優位性を獲得します。

　労働の未来は、AIが人間に置き換わるのではなく、AIが人間の潜在能力を増幅する協力関係にこそあります。AI技術はまだ成熟していませんが、その進化は確実に私たちを刺激的な新しい時代に導いています。

生成AIとロボティクス

　最近、スタンフォード大学とイリノイ大学アーバナ・シャンペーン校は、「VoxPoser：大規模言語モデルを用いたロボット操作のための組み合わせ可能な3Dバリューマップ」という画期的な研究論文を発表しました（著者はWenlong Huang、Chen Wang、Ruohan Zhang、Yunzhu Li、Jiajun Wu、Li Fei-Fei）。これは、大規模言語モデルがロボットと統合された身体性をもつAIの研究です。この研究により、追加のデータ

やトレーニングを必要とせずに、複雑な命令を特定の行動へと変換できるようになりました。

　AIとロボティクスの発展により、人間は自然言語を使ってロボットに指示を出せるようになりました。たとえば、ユーザーはロボットに対して「上の引き出しを開けて、花瓶を避けながら注意深く！」と指示することができます。大規模言語モデルとビジュアル言語モデル（VLM）の統合により、ロボットは現実空間での目標と障害物を分析し、行動できるようになります。

　これによりロボットが「トレーニング」をせずに現実世界でいきなりタスクを実行できるようになりました。これはゼロショット合成といわれ、ロボットにあらかじめ指示することなく協働できることを指します。VoxPoserとよばれるシステムです[109]。

　ロボットが周囲の情報（RGB-Dイメージングによって収集された情報）と平易な言語での指示を受け取ると、大規模言語モデルが特別なタイプのコードを生成します。このコードはVLMと連携して、一連の操作指示を作成します。

　これにより、ロボットがどこでどのように行動するかが示されます。従来のシステムに比べてトレーニングを必要としないので、トレーニングデータの不足を補うことができます。

　この研究は、AIとロボティクスの進むべき道を明らかにするだけでなく、大規模言語モデルが複雑な問題を解決し、現実世界のタスクをこなすのにどのように役立つかを示しています。

　1X[110]、以前はHalodi Roboticsとして知られていた、人間のような動きや行動が可能な人型ロボットの開発を専門とするノルウェーの企業があります。彼らは最近、OpenAIのスタートアップ基金から2,350万ドルの大規模な投資を受けました。

　また、イーロン・マスク（Elon Musk）率いるTeslaは、2021年に人型

ロボットであるTesla Bot、Optimusを発表しました^[111]。AIとロボティクスの協力は、新時代の到来を告げています。

第 5 章

可能性と限界

5.1 生成AIはいま何ができるのか?

　生成AIは、数多くの問題を解決してくれる魔法の杖のように思えるかもしれません。しかし冷静に分析してみると、AIが得意とする分野と、まだ課題が残る分野が見えてきます（**図5-1**）。

　生成AIはデータ処理、一貫性、特定タスクの遂行では比類なき力を発揮しますが、人間のように文脈理解や感情への共感に欠けています。こうした生成AIの強みと限界をしっかりと認識して付き合う必要があります。

観点	生成AIができること	生成AIがまだできないこと
言語と会話	プロンプトを理解し人間が書くようなテキストを生成すること。言語の翻訳	細かいニュアンスや人間の感情、風俗習慣や文化面を踏まえたコミュニケーション
データ処理	膨大なデータを分析し、パターンを見つけ出す	誤ったデータや偏ったデータを特定すること。現実世界での意味合いを理解すること
学ぶことと適応すること	トレーニングを通じて新しいデータから学び改善する。学んだことを使って新たなタスクをある程度こなせる	人間のように限られたデータから学び適応すること。さまざまなドメインから知恵を抽出すること
創造性とイノベーション	アートや音楽など、現状のパターンやデータから創造的なアウトプットを生成すること	データに頼ることなく、まったく新しいものを創造すること
タスクの実行	特定のタスクを効率よく継続的に実行すること。事前に決められたタスクを自動で実行すること	タスクの真の意図や背景を把握し、プログラムされた範囲外のタスクに柔軟に対応する。想定外のタスクや、微妙な人間の判断や物理的な操作を必要とするタスクを実行する
感情と共感	感情を示唆するようなパターンを見つけること（例：センチメント分析）	人間と同様に感情を体験したり、他者の感情を理解したりすること。状況に応じて感情表現を変化させること
意思決定	客観的なデータに基づいて論理的に判断すること。統計分析に基づいて合理的な判断を行うこと	人間ならではの倫理観や感情などの要素を考慮して慎重に判断すること。その決定がもたらす社会的・経済的・心理的などあらゆる影響を考慮すること
一般化	トレーニングされた領域内で効果的に機能する。既存の知識と類似した状況でのみ、ある程度の応用ができる	まったく異なる領域に追加のトレーニングなしで知識を広く応用する
倫理観と価値観	開発者が設定したルールに従う	人間がもつ価値観、倫理観、道徳観を生まれながらにして理解し、適用する

図5-1 9つの観点から見る生成AIができることとできないこと

5.2 生成AIの可能性と課題は何か？

出力品質の課題

　生成AIは人間にとっては一見簡単な「言葉を一文にまとめる」という作業でさえ、言語の複雑さに直面し立ち往生することがあります。進歩はしているものの、生成AIはまだ語彙、文法、文脈、ニュアンスといった点でうまく機能しません。

　大きな課題は、望ましい水準で適切に生成することと、データの偏りによって生成されるアウトプットの偏りを最小化することです。生成AIは人間的な価値観を理解していないため、ユーモアや倫理観のような主観的な価値観に合わせて出力を調整できません。創造性を適切にコントロールし価値観の均衡を保つことはデリケートな問題です。

　出力品質の一貫性も問題です。たとえば、GANsは印象的な画像を生成しますが、どこかに欠陥が潜んでいる可能性を排除できません。テキスト生成モデルは、明晰さや一貫性に欠けるテキストを生成する場合があり、品質保証に課題を抱えています。

　さらに、現在の生成AIは依然としてデータに飢えており、トレーニングには大量の高品質なデータが必要です。フューショット学習（詳しくは後述）と転移学習の登場にもかかわらず、広範なデータセットの調達と取捨選択は処理能力を圧迫します。同時に、意図しないバイアスが生成AIに影響しないように、データは代表的かつ多様であることをチェックし続けなければならないという課題もあります。

　また、生成AIには理解できる文脈量に制限があるので、過去のやりとりを把握できず、会話の流れが断片的で非論理的になってしまう傾向があります。これは、過去のやりとりを参照しながら会話を展開させていく人間とは対照的です。この課題は現在積極的に改善されています。

使い方の課題

　別の視点では、生成AIは学習データに基づいて均質化されたアイデアを吐き出す傾向があるため、コンテンツの独創性や視点の多様性が損なわれるという懸念もあります。AIが生成したコンテンツをAIで学習させるというサイクルは、「型にはまった」アウトプットを生み、新鮮で異質な思考を排除してしまうおそれがあります。生成AIを使ったアイデア出しに過度に依存してしまうと、人間の発想力が影を潜めてしまう可能性をはらんでいます。

　加えて、一見真実味のある偽コンテンツが簡単に生成できることから、学生が課題をこなすために生成AIに頼りきってしまうと、批判的な思考を養う機会が損なわれるなど、学問的な非誠実さと盗作を助長してしまう側面があります。

　社会的な観点で見ると、生成AIがさまざまなタスクを自動化することで、雇用機会を奪ってしまう懸念があります。AIの意思決定が人間の判断力を凌駕する未来による不安と相まって、私たち人間の存在意義を考えざるをえない現実に直面しています。

喚起されるAIの危険性

　これらの懸念に加えて、2023年12月のニューヨーク・タイムズ紙の記事で、AIに関連する概念「P（doom）」が取り上げられました。これは、AIが人類にとって破滅的な結末をもたらす「破滅の確率」をAIの研究者が評価したものです[112]。

　専門家たちの意見は大きく異なっており、実際のP（doom）値については普遍的なコンセンサスはありません。注目すべきは、2023年にGoogleを退職した著名なAI研究者であるジェフリー・ヒントン（Geoffrey Hinton）が、今後30年間で規制されていないAIによって「人間が絶滅する確率は10％」と見積もっていることです[113]。イーロン・マスクはこれらの懸念を反映し、「AIは核爆弾よりも危険であり、私たちは核爆

弾を規制しています。裏庭で核爆弾をつくるわけにはいきません。AI についても何らかの規制を設けるべきだと思います」と述べています [114]。これらの発言は、潜在的に深刻な事態を防ぐために、AIの慎重な活用と規制の必要性を強調したものでしょう。

6つの観点から見る生成AIの課題

　図5-2は生成AIの現時点での課題、制限、影響を6つの観点からまとめたものです。検討すべき課題や限界があることを踏まえると、生成AIは完璧とはほど遠いものであることがおわかりいただけるでしょう。しかし、マルチモーダルなメディアが簡単に生み出され、現実と区別がつかないほどの臨場感を与えるシミュレーションが可能になっていることを鑑みると、こうした限界はいずれ乗り越えられると心に留めておく必要があります。

　人類の進歩の核心にあるイノベーションの精神に導かれて生成AIの枠組みを磨き上げていくことで、畏敬、驚き、喜びを引き起こす力を備えたテクノロジーという生成AIの理想像に一歩ずつ近づいていくことができるでしょう。

観点	考慮事項
データ品質	☐ **データ依存性**：生成AIは大量の品質の高いデータを必要とします ☐ **ゴミデータ投入でゴミが出る**：品質の低いデータは誤った出力をもたらします ☐ **過学習と適合不足**：品質の低いデータによる不正確なモデル
プライバシー	☐ **データ収集**：大規模なデータ収集はプライバシーを侵害する可能性があります ☐ **匿名性**：実在の個人に追跡可能なデータを生成するリスク
法規制	☐ **著作権侵害**：AIで生成されたコンテンツによる著作権侵害 ☐ **データ規制**：一般データ保護規則（GDPR）やカリフォルニア消費者プライバシー法（CCPA）などのデータ法規制への適合
社会的、 人道的視点	☐ **仕事の置き換え**：自動化による仕事喪失のリスク ☐ **誤情報**：偽情報や「ディープフェイク」の拡散リスク ☐ **創造性と認知的多様性の不足**：視覚的パターンに基づいてのみ生成するという限界や、オンラインのエコーチェンバーが既存の信念と好みを強化するリスク
倫理	☐ **偏見と差別**：バイアス（性別、人種、または社会経済的なバイアスなど）の伝播により、不公平または差別的な結果をもたらすことがあります ☐ **同意**：ユーザーの明示的な同意の確保 ☐ **透明性と説明可能性**：AIモデルの意思決定プロセスを理解すること、つまり「ブラックボックス」を調査すること
技術的限界	☐ **コンピューティングリソース**：高い処理能力と膨大なメモリ量 ☐ **モデルの透明性**：複雑で不透明な意思決定プロセス ☐ **評価の難しさ**：AIの出力の品質を数量的に評価する難しさ ☐ **制御の欠如**：生成モデルの出力を制御する難しさ ☐ **エラーの伝播**：シーケンス生成タスクでのエラーの蓄積 ☐ **リソースの非効率性**：出力品質のわずかな改善のためのリソースの非効率的な使用

図5-2 6つの観点から見る生成AIの課題、制限、影響

第 II 部

生成AIプロダクトの
つくり方

生成 AI の可能性を理解する第 I 部の旅を終え、第 II 部では魅
力的でなおかつ倫理観をそなえたプロダクトづくりの具体的
な方法論へと歩みを進めていきます。この道中は、ユーザー
とそのニーズをより深く理解することから始まります。

第6章

顧客をセグメント化する

6.1 なぜ顧客のセグメント化で失敗するのか?

　皆さんのもとへ次のような宣伝メールが届くことはないでしょうか。「○○様、私たちは最先端のアルゴリズムを活用し、誰もアクセスできない独自のデータセットを活用したプロダクトをつくっています。誰しもが驚く成果がまもなく世界に対して打ち出せる瀬戸際にあり、世界中の多くの企業が私たちの顧客になると信じています。初代プロダクトマネージャーとしてぜひ、一緒に働いてみませんか?」

　経験豊富なプロダクトマネージャーはこのオファーに飛びつくでしょうか?　答えは、おそらく「No」です。なぜでしょうか?

　このメールの根本的な問題は、セグメント化の欠如です。ビジネスリーダーがプロダクト開発に着手する際、最初に行うべきことはターゲットとする顧客層を特定することです。

　「全員が潜在顧客」というのは甘い考えであり、戦略的なプロダクト

リーダーシップの欠如を露呈しています。どんなプロダクトも万人向け
にはできません。独自の価値を提供できる特定の市場セグメントを絞り
込むことが鍵なのです。

顧客をセグメント化する正しい方法とは？

　顧客層のセグメント化は、特定のニーズに合わせてプロダクトをカス
タマイズするための重要なステップです。以下に顧客をセグメント化す
るための実践的なアプローチを示します。

1. ニーズに基づくセグメント化
　プロダクトが解決する特定の問題やニーズに焦点を当てます。6.2節
で紹介する「Jobs-To-Be-Done（JTBD）フレームワーク」はこの代表例
です。
　　例：生成AIは、コンテンツ作成者のために最初の書き出しを助けたり、
　　　　デザイナーのための最初のアイデア出しを自動化したり、開発者
　　　　のためのコード生成を効率化できます。ただし、生成AIの出力
　　　　は人間によるさらなる磨き込みが必要な場合があることに注意し
　　　　てください。

2. デモグラフィックのセグメント化
　年齢、性別、所得水準、学歴、職業などを利用してニーズに基づくセ
グメント化を補完します。
　　例：パーソナライズされたフィットネスプラン向けの生成AIは、裕
　　　　福な中年層をターゲットにするかもしれません。生成AIはジェ
　　　　ンダーバイアスを回避するように設計されるべきです。

3. 担当業務によるセグメント化（BtoB）

　BtoBビジネスでは、ターゲット企業内の職種、バイヤーやエンドユーザーの具体的な役割と責任を考慮しましょう。

　　例：研究者はデータを分析しレポートを作成するために生成AIを利用し、マーケティング担当者はパーソナライズされた広告コンテンツを作成しA／Bテストを実施する際に生成AIを使うかもしれません。

4. 業界および企業属性によるセグメント化（BtoB）

　業界、企業規模、成長段階を考慮してBtoBターゲットをさらに絞り込みます。

　　例：法的文書用の生成AIは、法的専門用語に精通しており、法規制を遵守する必要があります。法律事務所や企業法律部門での導入促進のため、独立したアプリケーションではなく既存システムへの統合を検討してください。

5. 心理学的なセグメント化

　価値観、興味、テクノロジーに対する受容度などの個人的な特性に基づいて顧客を分類します。

　　例：初期段階の生成AIプロダクトの場合、ターゲット層は新技術に寛容で貴重なフィードバックをしてくれる可能性が高いテクノロジー好きの人であることが考えられます。一方、一般消費者向けの生成AIプロダクトでは、ユーザーフレンドリーなデザインと安心できる顧客サポートに重点を置く必要があります。

　これらのセグメント化を考慮することで、ターゲット市場に響くプロダクトをつくることができ、成功確率を高めることができます。顧客をセグメント化する際の迷路に入ってしまった場合、教科書の知識やコー

チングのアドバイスだけでは抜け出すことはできません。ここでは、最適な顧客セグメントを特定するための定石を紹介します。

セグメントの有効性の評価

　顧客をセグメント化したら、下記のさまざまな要因を考慮してプライマリーターゲット（重点ターゲット）を特定します。これには、市場規模、価値提案とユーザーの親和性、支払い意欲、企業ビジョンとの整合性、ターゲット顧客へのリーチ能力、およびAIに対するユーザーの信頼と導入のハードルが含まれます。

市場規模
　ポテンシャルのある市場規模を決める際、バランスを考慮する必要があります。大きな市場であれば顧客基盤は広がりますが、競争が激しくニーズが弱くなる可能性があります。逆にニッチ市場は参入しやすく主導権を握りやすくなりますが、市場規模が小さくなります。生成AIでは、解決する課題の普及度も市場規模に影響してきます。

価値提案とユーザーの親和性
　理想的な顧客セグメントは、価値提案に魅力を感じていなければ意味がありません。たとえば、マーケティングコンテンツを生成するのに優れている生成AIプロダクト場合、大量のコンテンツをつくらなければならないマーケターにとって魅力的に映るでしょう。

支払い意欲
　ターゲット顧客は、プロダクトの価値に見合うだけの代金を支払う意欲がありますか？　支払い意欲の評価には、市場調査、消費者調査、類

似市場での行動分析などが含まれます。

企業ビジョンとの整合性

選択したセグメントは、企業のミッションンとプロダクトビジョンに共感できることが望ましいです。たとえば、コンテンツ作成者の支援を目指す企業であれば、仕事で大量にコンテンツを作成する人々に焦点を当てるべきであり、カジュアルユーザーはターゲットから外れます。

ターゲット顧客へのリーチ能力

ターゲットセグメントに効果的かつ効率的にリーチできるかを評価します。必要なマーケティングチャネルやパートナーシップはありますか？　大企業向けのBtoBプロダクトの場合、複雑な発注プロセスを効率的に進めるための営業力が欠かせません。

AIに対するユーザーの信頼と導入のハードル

生成AIはまだ発展途上の技術です。AIに対する信頼感は、過去のAI体験、メディアでの描写、ユーザーのAIに対するリテラシーなど、セグメントによって大きく異なります。信頼を築くには、AIの機能、パフォーマンスの信頼性、堅牢なセキュリティ対策、優れた顧客サポートについて透明性を保つ必要があります。

生成AIプロダクトの成功は、技術力だけでなく適切な顧客セグメントを設定することに大きく左右されます。上記を参考に戦略を柔軟に調整してください。

事例 **Synthesiaがセグメントの選択を成功させた方法**

エディンバラ大学のコンピュータビジョン専攻の博士課程の学生3人、ビクター・リパルベッリ (Victor Riparbelli)、マーク・スカーベック (Marc Skarbek)、グレゴール・マキューアン (Gregor McEwan) は熱心に議論していました。話題はGANs (Generative adversarial networks) とまだ手つかずのデジタルヒューマンの領域についてです。議論が熱を帯びるにつれ、彼らは金脈を発見したことに気づきます。これは人々のメディア消費行動を変革する可能性を秘めた技術です。

2017年、彼らはSynthesiaを立ち上げ、超リアルな動画を生成できるアルゴリズムの開発に没頭します。その画期的なイノベーションは、AIエージェント、つまり本物の人物の声や仕草までまねできるデジタルツインです。デビッド・ベッカムの声と言葉づかいで何でも話せるAIベッカムを想像してみてください。

2019年、SynthesiaはベッカムなどのＡＩ著名人をＡＩアバターにしたデモを発表し、表舞台に躍り出ます。テクノロジー業界での注目を集め、投資家はすぐにこの有望なベンチャーに飛びつきます。しかし、Synthesiaが成功した要因は、技術の質だけでなく定型に基づいたプロダクトを必要とする、教育・マーケティング動画というニッチ市場に焦点を当てていることにもあります。

彼らは、明確で差し迫ったニーズをもつ顧客セグメントを巧みに特定し、それを満たすために技術力を動員してAIビデオ生成の最前線に躍進しました。

生成AIアプリケーションの立ち上げを考える際には、Synthesiaの事例を思い出してください。つねに最先端の技術をもつ必要はありません。

むしろ、誰がもっともそれを必要としているのかを正確に把握することが重要なのです。

6.2 課題優先か、技術優先か?

共感をもって革命を起こす:Appleの技術革命へのアプローチ

　Appleのもっとも象徴的なプロダクト、Macのグラフィックユーザインターフェース(GUI)、iPod、iPhoneを考えてみましょう。驚くべきことに、これらの技術の発明者はAppleではなかったということです。GUIはゼロックスで、MP3プレーヤーは韓国のSaehan Information Systemsで開発されました。それにもかかわらず、Appleはこれらの技術を100兆ドル以上の帝国の礎とすることに成功したのです。

　Appleは消費者が直面する問題の核心を理解し、情熱をもって解決することに秀でています。個々の技術には栄枯盛衰がありますが、Appleの力の本質は技術が解決する問題を深く理解し、顧客に行動変容を促す能力にあります。

　この原則はAIにも当てはまります。生成AIはあらゆる産業に革命をもたらす可能性を秘めています。しかし致命的なあやまちは、技術を構築してから解決できる問題を探してしまうことです。真の成功は逆です。解決すべき問題をしつこく追求し、その問題に対して技術革新で行動変容を促し解決へと導くようにするのです。

　では問題を効果的に特定するにはどうすればよいのでしょうか?　ひとつの有用なフレームワークは、Jobs-To-Be-Done(JTBD)です。

Jobs-To-Be-Done（JTBD）：実際のユーザニーズにAIを根付かせる

　Jobs-To-Be-Done（JTBD）フレームワークは、起業家やプロダクトマ
ネージャーがユーザーのニーズと動機を深く理解するための強力なツー
ルです。これは顧客が達成しようとしているタスクに焦点を当てる考え
方です。本質的に、あなたのプロダクトは「雇われる」ことでどのよう
な「仕事」をするのでしょうか？

　たとえば、壁に穴を開けたいと思っている人は必ずしもドリルを欲し
ていません。彼らはただ壁に穴が開いていればよいのです。別の例とし
て、ユーザーはNetflixやHuluのようなビデオストリーミングアプリを
「雇う」かもしれませんが、それは単に番組を見るためではなく、長い
一日の後にエンターテインメントを楽しんでリラックスするためです。
JTBDを理解することは、AIがジョブの解決策をさらに強化できるか、
ジョブを完了するための新しい方法を提案できるかどうかを考えるのに
役立ちます。

　JTBDフレームワークを説明する際によく引き合いに出されるのはミ
ルクシェイクの研究です。マクドナルドは、ミルクシェイクの販売促進
のため、ハーバード大学教授のクレイトン・クリステンセン（Clayton
Christensen）のチームに調査を依頼しました。マクドナルドはまず古
典的なアプローチを取りました。彼らはミルクシェイクを購入する顧客
にアンケートを行い、そのフィードバックからミルクシェイクの見栄え
をよくし、チョコレートを増やして甘くすることで販売増大を試みまし
た。しかし、売上は横ばいでした。

　クリステンセンと彼の同僚は、味ではなく、なぜ顧客は特定の時間に
ミルクシェイクを購入するのかに着目しました。売上の約40％が、朝
の時間帯に自動車でミルクシェイクだけを注文する独身男性によるもの
だとわかりました。彼らは、毎朝の長い退屈な通勤中に自分を楽しませ

るためにミルクシェイクを買っていました。ベーグルやバナナではなくミルクシェイクを選んだのは、片手でもつことができ、手が汚れず、飲み切るまでに時間がかかるからです。つまり、朝食と昼食の間の空腹を満たすのに最適だと考えていたのです。ここでのJTBDは「朝の長い通勤中に空腹を満たすこと」でした。

　このインサイトを得て、マクドナルドはミルクシェイクをさらに濃厚にし、小さな果物のかけらを渦巻き状に入れて食感にインパクトを加えました。また、ドライブスルーの列を素早くさばけるようにカウンターの前に販売機を設置しました。結果、売上は急上昇しました。

事例　**IntercomのJTBDによるマーケティング戦略の変革**

　SaaS業界を駆け上がり、年間経常収益（ARR）1億ドルを達成したIntercomは、次の一手を模索していました。従来のペルソナに基づくマーケティング手法は成功をもたらしましたが、チームは成長の頭打ちを感じていました。ひらめきは、発想を転換して「私たちのプロダクトが果たす役割は何か？」と問いかけたときに訪れました。万能ナイフを売るのではなく、特定のJTBDに最適なツールを提供することに舵を切ったのです。単一プロダクトを4つの特化したソリューションに分割し、それぞれが特定の顧客の「仕事を解決する」ように再構成しました。

　Intercomは単にデータや分析に頼るのではなく、直接顧客と対話しました。熱心な新規顧客から最近解約した顧客まで、40人の顧客と話し合い、そこから得られた行動パターンを「実行可能なJTBDのインサイト」へと具体化させました。

　2015年のIntercomのホームページは、その成果を見事に示していました。一般的な売り文句は消え、代わりに5つのソリューションが

果たす個々の「仕事」にスポットライトが当てられました（図6-1）。これは単なるマーケティング戦略ではなく、戦略の再構築でした。プロダクトの伝え方だけでなく、開発方法にも影響を与えました。変化というよりも、革命でした。Intercomの年間収益は、JTBDに基づくマーケティング戦略によって2015年と2016年に150％を超える急増を記録し、収益は8年間で15倍に増えました（図6-2）。

これはすべて、「Intercomを何の仕事のために雇いますか？」という正しい問いから始まったのです。

図6-1 Intercomが再構成した5つのソリューションパッケージ

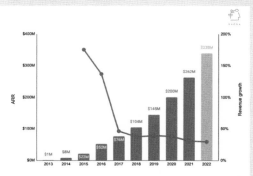

図6-2 Intercomの年間経常収益の時間経過に関するデータ （出典：UX Planet[115]）

ユーザーに対する共感力を深める

　マクドナルドのミルクシェイクの事例とIntercomの事例は、顧客が解決しようとしている本質的な問題やジョブを理解したときにはじめて解決すべき問題を深く理解できることを如実に表しています。

　スキーヤーに道具を売り込むとき、道具の一覧を示すか、スキーしている様子を示すか、どちらが相手の心をつかめるかを想像してみてください（**図6-3**）。生成AIの領域でも同様にこうした洞察は重要ですが、ユーザーの期待はまだ形成途上なので定まっているわけではありません。

Features
What People Buy

Jobs To Be Done
What People Really Want

V.S.

Copyright ©2024 by Authors of Reimagined.

図6-3　スキーにおける機能とJTBDの比較

　ここでは、生成AIプロダクトの主な「ジョブ」の種類を分類してみましょう。

機能的ジョブ

　機能的ジョブは、ユーザーが達成したいと思っている具体的な目的や目標を達成させるための実用的なタスクです。生成AIの文脈では、機

能的ジョブはタスクの自動化、インサイトの生成、プロセスの効率化を中心としたものが多いです。生成AI特有の検討事項は以下の通りです。

- **安全性と信頼性**：機能的ジョブが機密情報を取りあつかう場合、AIはプライバシー法規制に準拠している必要があります。また、データを適切にあつかって顧客の信頼を得る必要があります。
- **出力品質**：後で手を加える必要のない高品質なコンテンツ、コード、インサイトを生成する必要があります。
- **適応性と汎用性**：メールのドラフト作成からマーケティングコピーの作成まで、決められた機能的ジョブの中でさまざまなタスクを処理する必要があります。
- **速度と効率**：品質を犠牲にすることなく、人間よりも速くタスクを実行する必要があります。

社会的ジョブ

社会的ジョブとは、ユーザーがプロダクトを通じて、地域や職場のコミュニティに溶け込む、あるいは他者との差別化を図るための手段を提供するタスクです。これにはつながりを増やしたり、コミュニティへの帰属意識を築いたり、他人からのサポートを受けたりすることが含まれるでしょう。生成AI特有の検討事項は以下の通りです。

- **コラボレーション**：AIツールがチーム内で使用される場合、コラボレーションを促進する必要があります。邪魔してしまうようでは意味がありません。
- **ステータスシグナル**：一部のユーザーにとって最先端のAIツールを使用することは、プロが集まるコミュニティ内でのステータスシンボルとしての役割を果たすかもしれません。
- **コミュニティ構築**：ユーザー同士のコミュニティをつくれると、対

話のきっかけや共有テンプレートが派生的に生まれる可能性があります。

感情的ジョブ

感情的ジョブは、ユーザーがプロダクトを使用する際に抱く感情に関連する事柄です。自信や自己効力感、仲間意識や社会的承認、娯楽を求めることなどさまざまです。生成AI特有の検討事項は以下の通りです。

- **信頼性**：AIの革新性と複雑さを考えると、AIに対する信頼構築が重要です。AIがどのように意思決定をしているのかを透明性をもって伝えてください。
- **エンパワーメント**：AIはユーザーに置き換わる存在ではなく、ユーザーに力を与えるようにすべきです。カスタマイズのような機能は、ユーザーが自分でAIをコントロールしている感覚を得ることができます。
- **不安の軽減**：「AIプロダクトは、タスクに関連するストレスや不安をどのように軽減できますか？」というような自問をして、ユーザー全体の体験を向上させましょう。

機能的ジョブ、社会的ジョブ、感情的ジョブの特定は、とくに生成AIのようなプロダクト開発において欠かせません。これらのジョブは、ユーザーの目的、社会的目標、感情的な動機への窓口となります。さらに深く掘り下げるために、ユーザーペルソナとオポチュニティーステートメントを作成する方法を検討していきます。

オポチュニティーステートメント：「誰」が「何をするか」を定義する

オポチュニティーステートメントは、プロダクトが提供する価値を簡潔に表現するツールです。プロダクト開発の焦点を絞り、チームを顧客中心の考え方へと導きます。

生成AIプロダクトを構築する際、オポチュニティーステートメントはAIがユーザーにどのような価値をもたらすかを強調するのに役立ちます。JTBDフレームワークを統合することで、さらにユーザーのニーズに合致するようになります。以下は、生成AIプロダクトのためのJTBDとともにオポチュニティーステートメントを作成する方法です。

オポチュニティーステートメントの公式

［ターゲット顧客＋状況］としての私は、
［もっとも重要な（機能的、社会的、感情的な状況をもてること）JTBD］を
［成功基準］の方法で達成したいと考えています。

- **ターゲット顧客＋状況**：プロダクトを必要とする場面やそうした状況におかれたターゲット顧客を指します（単に「顧客」ではなく、文脈に合わせた具体的な顧客像を描きます）。
- **もっとも重要な JTBD**：ユーザーが達成したいコアとなるジョブです。機能的、社会的、感情的なものなどさまざまです（単に「ニーズ」ではなく、ユーザーがプロダクトに求める具体的な「ジョブ」に焦点を当てます）。
- **成功基準**：ユーザーが成功と考えるものを列挙します（単に「満足」ではなく、ユーザーがプロダクトの使用に対してもつ具体的な基準を示します）。

以下は、3つの例にオポチュニティーステートメントの公式を適用したものです。

例1：Perplexity AI（経営コンサルタント）

［ターゲット顧客＋状況］さまざまな業界で仕事をし、有効な情報源からの正確なデータに基づいたインサイトを必要とする経営コンサルタントとして、

［もっとも重要なJTBD］私の調査能力を向上させ、業界評価を向上させ、フィードバックを提供してくれるAIツールが欲しい。

［成功基準］私の成功基準は、コンサルティングプロセスへのシームレスな統合と、インサイトが実行可能かつ革新的で、リサーチ時間が大幅に削減されることです。

例2：Khan Academy AIチューター（学生）

［ターゲット顧客＋状況］特定の学問分野で苦労しており、個別指導を求める学生として、

［もっとも重要なJTBD］自分の学習ペースに適応し、弱点を見つけ個別レッスンを提供してくれるAIチューターが必要です。

［成功基準］理解力の向上、成績向上、難解な問題を解答できる自信をもてるようになることです。

例3：Casetext（弁護士）

［ターゲット顧客＋状況］複数の案件を同時処理しており、迅速な法的判例が必要な弁護士として、

［もっとも重要なJTBD］私の調査プロセスを合理化し、正確な判例推薦を行い、法的戦略に関するインサイトを提供するAIツールを求めています。

［成功基準］私にとって、成功とはリサーチ時間の節約、抽出された判例の正確性、および公判での論理が強化されることを指します。

　JTBDを活用したオポチュニティーステートメントの作成は、生成AIプロダクトをターゲットユーザーのニーズや欲求とマッチさせるための重要なステップです。ユーザーを想定することは、提供すべき価値からぶれずにプロダクトマネジメントを行う手助けとなります。

　ユーザーのJTBDを明確にし成功基準を定義することで、プロダクトマネージャーは生成AIプロダクトを成功に導く意思決定ができるようになります。

技術優先が理にかなう場合：反対側の見解

　プロダクトマネジメントにおける一般的な常識は、顧客優先の姿勢を崩さないことです。それは、自分たちがよかれと思う解決策を独りよがりに開発する前に、顧客の問題を理解すべきであることです。プロダクトにフィットする問題を探すのではなく、実際のニーズに応えるものでなければなりません。

　しかし、とくにAIプロダクト開発の領域では、別の見方が注目を集めています。生成AIの進歩のように、技術自体が大きく変化している場合、技術自体に焦点を当てることで比類のない長期的な利益（ROI）を実現できる可能性があります。

　顧客自身が問題だと認識していなかった問題を最先端の技術が浮き彫りにし、まったく新しい市場を生み出せるかもしれません。たとえば、工場での機器故障予測のために設計されていたAIが、思いがけずエネルギー使用と生産効率を最適化して、企業が知らなかったニーズを明らかにできた、というようなことです。ただしBtoBのユースケースでは、企業にとって真のビジネス価値を提供するのにAI技術が成熟している必要があります。

巨額の技術投資をするか判断するためのチェックリスト

　以下は技術自体に投資すべきかどうかを判断するうえで重要な5つの観点になります。顧客のニーズに耳を傾け続けることが前提です。

- 旧態依然をブレイクスルーできるかどうか？：その技術はゲームチェンジャーですか？　革新的なものを提供できれば、市場に最初に参入することで競争上の優位性を確保できる可能性があります。
- 高い参入障壁、大きな利益：技術が模倣されにくく、ニッチ市場を支配する可能性がある場合、技術投資のコストは十分に回収できるかもしれません。
- リソースの準備：十分な資本と最高水準の人材がそろっていれば、PMF（プロダクト・マーケット・フィット）をすぐに見つけなければいけないというプレッシャーを気にせずR&Dに集中できます。
- スケーラブルな構築：コア技術がモジュール式で、新しいアプリケーションに素早くピボットできるのなら、大きな先行投資は長期的な競争優位性を築くことができます。
- 迅速な動きができるプレイヤーが勝利する：急速に進化する分野では、待つことは陳腐化を意味します。スピードと俊敏性が重要です。変化のペースを維持するために、前もって多額の投資を行う必要があります。

　生成AIプロダクト開発で、課題優先か技術優先かを迷っている場合は、上記のチェックリストを試してみてください。顧客の問題を無視するのではなく、技術自体が船を前進させることがあるのです。

　AIを活用したプロダクトマネジメントでは、課題優先の立場をとることは確実な出発点であり続けます。しかし生成AIプロダクトに関しては、技術優先の道筋も避けるべきではありません。最適な道筋は、えてしてこれらふたつのバランスが取れたところにあるのです。

生成AIの最適なユースケースを決定する方法は？

　生成AIに最適な問題を特定するには、CiscoのVP of AIであり、元GoogleのLanguages AIプロダクトチームの責任者であるバラク・トゥロフスキー（Barak Turovsky）が提案したフレームワークが役に立ちます（**図6-4**）。

　このフレームワークは、次の3つの主要な評価基準を中心に展開されています。

1. 精度の必要性

　情報の精度がどれほど重要なユースケースか？　たとえば、詩を書く場合、精度はあまり重要ではありませんが、ユーザーに投資意思決定のレコメンデーションを行う場合には精度は重要です。

2. 流暢で自然な言語であることの必要性

　生成されたコンテンツが自然に読まれることがどれほど重要か？　SFなどの創造的な作品では流暢な言語表現が重要ですが、データを重視した意思決定の場合はそれほど重要ではありません。

3. 関与するリスク

　AIが生成した情報が正しくない場合のリスクは何か？　詩を書く場合のリスクは低いですが、休暇の宿泊先やどの食洗機を買うかを決める場合のリスクは高いです。

　トゥロフスキーは、現在の生成AIは高い品質で流暢かつ自然な言語が求められるが、正確性が低くても問題ないケースで力を発揮すると主張しています。ユーザーはAI生成コンテンツを、「後から正確性を確認

できる下書き」としてあつかうことが望ましいということです。リスク
が低めから中程度の状況では、生産性の向上が得られる見返りに、偶発
的な誤りの発生をつねに意識しておく必要があります。

そこでトゥロフスキーのフレームワークに以下の点をあわせて考慮す
ることで、優先度づけがより行いやすくなります。

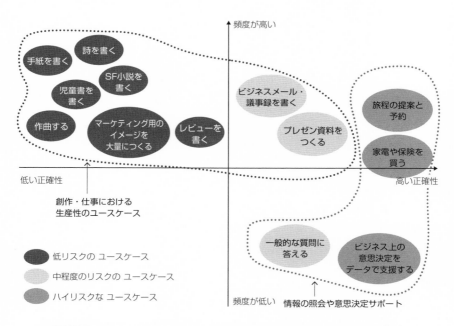

図6-4 生成AIのユースケースを評価するためのフレームワーク[116]

1. 使用頻度

頻繁に使用するほど、技術やインフラへの投資の効果が高くなる可能
性があります。

2. 価値の差別化

ユースケースがコモディティ化されるのを防ぐには、ユーザーがその

108

ユースケースの独自性を理解していなければなりません。これが長期的な競争優位性の土台となります。

3. ユースケースのスケーラビリティ

ユースケースを拡張できますか？　AIが人間の介入なしに何百万もの詩や回答を生成する場合、視点は変わりますか？

4. テクノロジー／データの可用性

プロダクトを支えるテクノロジーおよびデータインフラがユースケースを支援するのに十分に成熟しているといえますか？

5. 価値提供コスト

ROIはどのくらいですか？　どんなに肥沃な土地でも農業には投資が必要です。投資を正当化できるほどその投資対効果は高いといえますか？

これらの側面を考慮することで、さまざまなシナリオで生成AIの展開が適切であるかどうかと、その潜在的なROIをよりよく判断できます。

6.3 プロダクトの仮説を検証する

さて、ここまで読んできた読者の皆さんは解決すべき問題を特定し、それを解決するために生成AIを活用しようと考えているかもしれません。それではそろそろプロダクトをつくり始めるタイミングでしょうか？　いえいえ、焦らずにまだ待ってください。

まず解決しようとする問題がそもそも解決する価値があるかどうかを

検証しなければなりません。そのためには入念な検証プロセスが必要です。テレサ・トーレス（Teresa Torres）が『Continuous Discovery Habits（継続的な発見の習慣）』（Product Talk LCC,2021,未邦訳）で提示した方法論[117][118]に触発され、私たちは彼女の検証プロセスを生成AIプロダクト開発の文脈に合わせてアップデートしました。

　プロダクトの仮説検証とは、プロダクトに関する仮説を体系的に検証または反証する技術のことです。これはプロダクトマネジメントのあらゆる場面で非常に大切であり、問題について迅速に学び、プロダクトの成否を左右する重要な仮説を特定するのに役立ちます。

　しかも、多大なリソースを費やすことなく実施できます。生成AIの複雑性と新しさを考慮して機能開発に没頭する前に、迅速な仮説検証を実施しリスクを最小化する方法を紹介します。

何を検証すべきか

　生成AIプロダクト開発において、どんなことに気をつけて検証すればよいか、以下5つの点について深掘りしてみます。

1. 望ましさ（需要性）

　市場は本当にそのプロダクトを必要としていますか？　ユーザーのニーズを徹底的に調べ、プロダクトが解決できる問題と、既存の解決方法とを比較します。単に機能があればいいのではなく、現状よりも格段に優れた解決策であることが求められます。主な検討事項は以下の通りです。

- **ユーザーの理解度**：ターゲットユーザーが生成 AI にどの程度慣れているか、需要にどのように影響するか？

- **問題の緊急性**：解決しようとしている問題はユーザーにとって「絶対に解決したいもの」なのか「解決できたらいいもの」なのか？

2. 持続可能性

ビジネスとして持続可能性がありますか？ 収益モデルは、これらのコストを相殺し利益をもたらす必要があります。主な検討事項は以下の通りです。

- **データコスト**：生成 AI モデルのトレーニングのために特別なデータの購入や生成が必要か？
- **スケーラビリティ**：生成 AI は増加するリクエストの処理に比例してコストを増加させることなく稼働できるか？

3. 実現可能性

プロダクトを実現する技術はすでに存在し、開発可能ですか？ 主な検討事項は以下の通りです。

- **データの入手可能性**：必要なデータにアクセスでき、使用可能な状態にあるか？
- **技術的制約**：規制基準や計算能力の制限など、ビジネスドメイン固有の制限はあるか？

4. 使い勝手

顧客はプロダクトを迷うことなく使えますか？ これには直感的なUIの作成、AIが生成したコンテンツの理解しやすさ、ユーザーに合わせたアクセシビリティの提供が関係します。主な検討事項は以下の通りです。

- **ユーザーの信頼**：生成 AI が意思決定を行う際、どの程度透明性が あるか？
- **ユーザーの適応性**：生成 AI に不慣れなユーザーの学習曲線はどの 程度急か？

5. 倫理性

プロダクトによってもたらされる潜在的なリスクは何ですか？　生成 AIでは、データプライバシーと同意の問題、生成されたコンテンツの 悪用の可能性、有害あるいは不快なコンテンツ生成の可能性など重要な 倫理的観点がたくさんあります。主な検討事項は以下の通りです。

- **データプライバシー**：データが倫理的に使用されていることをどの ように保証しているか？
- **悪用の可能性**：生成 AI コンテンツが悪意をもって使用される可能 性はあるか？

これらを厳密に検証することで、生成AIプロダクトを構築するための 強固な土台を構築することができます。力強いAIエンジンをもつだけで なく、そのエンジンがユーザーに実際の価値を提供することが重要です。

仮説検証プロセスとその方法

仮説検証のプロセスでは、現実世界でその仮説が正しいかどうかテス トするために情報とデータを収集します。いい換えればユーザーと市場 に対する理解を深めるための学習プロセスです。複雑な技術とユニーク なユーザーインタラクションを伴う生成AIの文脈では、このプロセス はさらに慎重に行う必要があります。

仮説のタイプ	質問項目	検証方法
望ましさ (需要性)	☐ ターゲットユーザーは誰か？ ☐ 生成AIが現在のユーザー体験を高める方法や新しい価値を提供する方法は何か？ ☐ 生成AIが解決できるユーザーの主な問題は何か？ ☐ ユーザーはAIプロダクトに価値を感じているか？	カスタマーインタビュー、フォーカス・グループ、アンケート、簡単なプロトタイプやワイヤーフレーム
ビジネス実現性	☐ プロダクトは十分な収益をあげることができるか？ ☐ AIモデルを構築し、トレーニングし、維持する想定コストはどのくらいか？ ☐ データ取得コストはどのくらいか？ ☐ 既存プロダクトポートフォリオとどのように関連するのか？ ☐ ビジネスとして持続可能で競争優位を築けるか？	ファイナンシャルモデリング、マーケット・リサーチ、SWOT分析、競合分析、AIモデルのためのコスト・ベネフィット分析
技術的可能性	☐ 現在の自社の技術力でプロダクトをつくれるか？ ☐ AIモデルをトレーニングするために、どのようなデータを集める必要があるか？ ☐ 必要なデータにアクセスできるか？ ☐ データの品質は信頼できるか？ ☐ トレーニングデータにバイアスは存在するか？	技術可能性分析、データやバイアス監査、プロトタイピング、PoC
使い勝手	☐ ユーザーは迷わず自分でプロダクトを使えているか？ ☐ ユーザーはAIのアウトプットを理解しているか？ ☐ ユーザーはAIに対してフィードバックをしてくれるか？ ☐ プロダクトはアクセシビリティ基準を満たしているか？ ☐ AIプロダクトは稀に生じる問題や誤った結果にどのように対処するのか？	ユーザビリティテスト、ヒューリスティック評価、ユーザージャーニーマップ、AIの透明性や説明性テスト
人間に受け入れられる倫理観	☐ プロダクトはユーザーやステークホルダーに危害を及ぼすか？ ☐ どのようなデータを収集、保存、利用しているか？ それはなぜか？ ☐ データのあつかいには透明性があり、ユーザーに許諾されているか？ ☐ AIの出力は差別を助長しないか？ ☐ AIが誤って使われるリスクはないか？	倫理的リスクアセスメント、プライバシーインパクトアセスメント、インクルーシブデザインレビュー、偏見と公平性の監査

図6-5 生成AIプロダクトの仮説検証チェックシート

図6-5はユーザーが使いたいと望み、実現可能で利用しやすく、倫理的に健全な生成AIプロダクトをつくるためのチェックリストです。より詳細なプロセスと方法については巻末の付録2を参照してください。また、テレサ・トーレスの「Assumption Tasting : Everything You Need to Know to Get Started（仮説検証：スタートするために必要なすべて」（https://www.producttalk.org/2023/10/assumption-testing/））の記事も併せて読んでみてください。

事例 ▶ **7か月で100万ドルのARRに向けたHeyGenのリーンな検証** [119]

　ビジュアルストーリーテリングを変革するというビジョンをもつ創業者たちは、SnapchatやSmuleなどのコンシューマープロダクト企業出身であり、未経験ながらSaaSとAIの領域に踏み込みました。ここで彼らは「AIが生成したコンテンツは市場を魅了できるのか？」という疑問を提起しました。

　AIビデオ生成を手掛けるHeyGenの市場での軌跡は驚くべきものであり、わずか7か月で年間経常収益（ARR）100万ドルを達成しました。この急成長は、プロダクトの仮説を、コストを最小限かつ効果的に検証できた戦略的アプローチの証左です。

　HeyGenは仮説検証に乗り出した際、Fiverr（スポークスパーソンのためのサービスとマーケットプレイス）に「ウィザード・オブ・オズ（オズの魔法使い）」法を実施しました。彼らのサービスは、生成AIのアバタービデオをわずかなコストと時間で提供しています。これにより、彼らは最小限の初期投資でニーズと実現可能性を検証できました。最初の顧客をわずか5ドルで迅速に獲得し、その後30人以上の顧客を獲得することができたのです。

　この事例には、生成AIプロダクトに取り組む起業家やプロジェクト
マネージャー、意思決定者にとって重要な学びがあります。発想力を
働かせ、顧客の視点を第一に考え、素早い試行錯誤を経て、市場の反
応をもとに素早く進化を重ねることです。一方で、空理空論にとらわ
れたり、無駄な技術投資を行ったりといった落とし穴に陥ってはいけ
ません。HeyGenはMVP（ミニマム・ヴァイアブル・プロダクト）を投入し、
直接的にユーザーの需要をつかむリーン手法を採用したことで、急速
な成長を遂げ、本当に顧客に支持されるプロダクトを生み出すことが
できたのです。

第7章

MVPづくりと
プロダクトデザイン

7.1　AIロボティクスの挑戦と教訓

　本章ではまず、AIロボティクススタートアップAnkiの挑戦を見てみましょう。カーネギーメロン大学のボリス・ソフマン（Boris Sofman）とハンス・タペイナー（Hanns Tappeiner）は、ふと「ロボットにAIで命を吹き込むことはできないだろうか」と思いました。2009年、彼らは「コンシューマーロボットを現実にする」という目標を掲げてAnkiを設立しました。

　マーク・パラトゥッチ（Mark Palatucci）も加わり、彼らはiRobotとPixarを融合させようとしました。シリコンバレーのトップVCであるAndreessen HorowitzやIndex Venturesなどから2億ドル以上の資金を調達し、シリコンバレーのアパートに閉じこもり、表情豊かなおもちゃの車を設計するために狂気じみた開発作業に没頭しました。

　当初、競技トラックを走ることができるおもちゃの車Anki Driveで市

場に参入しました。AIバトル（AI搭載の自動走行レーシング）として売り出しましたが、遊園地で見るような安っぽい出し物に過ぎませんでした。一部のアーリーアダプターは引き込まれましたが、売上は伸び悩みました。

次に人懐っこいピクサー風のロボットCozmoを出したとき、投資家からは感嘆の声が上がりましたが、操作性の悪さが魅力を打ち消してしまいました。デモでは輝いても見世物で終わってしまい、資金を急速に消費しながら迷走していきました。

2018年までに、Ankiは2億ドル以上の資金を注ぎ込みましたが、売上は低迷し壮大なビジョンは厳しい現実の前に崩れ去りました。資金が尽きるとAnkiは倒産、AIロボットが人間の友達になるという夢は叶いませんでした。

Ankiの失敗は決して珍しい事例ではありません。ユーザーにとって真の実用性や需要のないプロダクトをリリースしても、継続させることはできません。スタートアップも大企業も関係なく、どの企業も資源の制約に直面します。正しいプロダクトの方向性を見つけるために、MVPを素早くつくっては市場で試すというプロセスが重要です。

皆さんはプロダクトに価値があることをどのように確認しますか？実験して検証する以外に方法はありません。その過程で多くの失敗が生まれますが、つくり込んで賭けを張るのではなく、「最小限」の機能で検証を繰り返すのが成功への近道です。

その道が正しければ、その方向に大きく舵を切り進めばいいのです。間違っているなら、ピボットを恐れてはいけません。

7.2 MVPづくりで陥りがちな罠

　AIプロダクトのMVP作成は、あたかも動く壁の迷路を脱出するような難しさがあります。ソフトウェアプロダクトのMVP作成においては経験豊富なプロダクトマネージャーであっても、AIプロダクトのMVP作成特有の陥りがちな罠があります。さまざまな罠について以下に詳しく解説します。

ユーザーの期待と現実のバランス

競争上の差別化

　先行の成熟したAIプロダクトと比較して、MVPで競争上の差別化を図るのはかなり難しいでしょう。時には、AIという選択肢が問題解決の最適解ではない可能性もあります。

期待値の設定

　MVPでは機能が制限されていること、使いたい機能をすぐには提供できないことをユーザーに理解してもらわなければなりません。昨今のAIの急速な進歩から、ユーザーは非現実的な期待を抱いてしまうことがあります。

期待値のギャップ

　ユーザーは、メディアで取り沙汰されるAIの能力について非現実的な期待をもっている可能性があるため、MVPで検証する内容にユーザーが失望してしまうリスクがあります。

ディストリビューションのハードル

MVPとして最低限の機能しか備えておらず、まだ商用化には準備が整っていないものが多くあります。そこから魅力的なプロダクトへと高めていくには、数多くの改善を重ねるため長い時間がかかります。マーケティングも急な坂道を上るのと同じくらい大変になってきます。

パートナーシップの課題

市場から受け入れられている、確立された機能がないプロダクトの場合、パートナーシップを結んでビジネスを拡大することは困難です。

企業の信頼構築

BtoB企業にMVPを試してもらうためには、ビジネス上の強固な信頼関係や紹介が必要です。

技術的な課題

求められるデータ

AIプロダクトには学習用の大規模なデータセットが必要です。MVPの水準を満たすデータセットを収集し、クリーニングし、ラベルづけする作業は決して簡単ではありません。

検証の課題

限られたデータでプロダクトをテストおよび検証することは困難です。データセットが十分でない場合、テストの結果は誤解を招くものになる可能性があります。

価値を十分に体現できない限定的な機能

機能が限定的なMVPは、プロダクトの潜在的な価値を検証できず、意味のあるユーザーフィードバックを収集するのが難しくなります。

反復の障壁

AIプロダクトを改善する作業には、多くの計算処理を必要とする繰り返しのトレーニングが伴います。MVPを何度も試行錯誤して急速に進化させるのは困難なことです。

実装の複雑さ

ニューラルネットワークなどの高度なAI技術は、従来のルールベースのものと比べてMVPの実装が複雑です。

説明のオーバーヘッド

MVPの機能制限を説明するとユーザーの気をそいでしまうかもしれません（これはオーバーヘッドとよばれています）。多くのAIプラットフォームサービス（Platform-as-a-service）またはPaaSソリューションには、AIプロダクトの機能説明に特化したサービスが提供されているものもあります。オーバーヘッド問題は、生成AIの時代にさらに顕著になっています。

倫理的な観点

AIに関連する安全性、セキュリティ、倫理観などのリスクについては、MVPであっても慎重に考慮する必要があります。

ビジネス上とくに注意すべきこと

価格設定

　MVPの価格設定とポジショニングには慎重さが求められます。機能不足のMVPが完成版だとユーザーに認識されないようにしましょう。よいAIプロダクトをつくり続けるには非常にコストがかかります。

曖昧なROI

　AIプロダクトのコアとなる価値の仮説がまだ証明されていない場合、MVPのROIは未知数で、先々の収益性はどうしても不明瞭になります。

事例　**NeevaのMVP探索への険しい道のり**

　Neevaは2019年に大胆なミッションを掲げて登場しました。そのミッションとはプライバシーに配慮した、広告がない検索エンジンを作成することです。元Googleの役員によって設立された同社は、さまざまなAPIやパートナーシップを活用して迅速で高品質な検索結果を提供し、検索業界を革新しようとしました。

　しかし、こうした野心と熱意は成就せず数回のピボットを経て、最終的に2023年にSnowflakeに売却されました。何がいけなかったのでしょうか？

　Neevaは、検索結果の品質を向上させるために大規模言語モデルを使用しました。しかし、克服できない数々の壁に直面しました。

・差別化の欠如：Neevaは高品質な検索結果の提供を目指していましたが、GoogleやChatGPTなどのすでに確立されたプロダクトを

もつ大企業と競合しました。品質はよかったものの、ユーザーが
利用を切り替えるほどの魅力的な理由がありませんでした。
- 高いエンジニアリングコスト：高品質な大規模言語モデルの構築
  と維持は安価ではありません。ハードウェア、ソフトウェア、AI
  技術への大規模な投資が必要です。GoogleやOpenAIのような大
  企業と比較して、資本力の点で不利でした。
- 持続不能なビジネスモデル：広告がない検索エンジンという気高い
  アイデアは、厳しい経済的現実に直面しました。強力な競争相手が
  広告収益に依存している場合にはとくにこうした傾向があります。

Neevaの課題は、AIプロダクトのMVP作成時の困難さを教えてくれま
す。プライバシーに配慮し、広告がない検索ビジョンは魅力的ではあっ
たものの、そこへ向かうための実現可能な道筋がありませんでした。
大いなるビジョンを実現するには、ユーザー基盤の拡大、追加の資
金調達、市場の現実的な評価を含めた粘り強い取り組みが必要だった
のです。

7.3 MVPづくりの10の指針

ここからは、生成AIプロダクト開発の戦略について詳しく説明しま
す。まず以下に、MVPとして価値ある生成AIプロダクトを構築するた
めの10の指針を紹介します。

1. 技術よりも進歩を優先する

　技術やインフラの選択に固執しないでください。AWSでもGCPでも、PyTorchでもJAXでも、仮説を素早くテストすることを重視しています。技術的な側面を完全には無視できませんが、それらをプロダクト開発のボトルネックにすべきではありません。シンプルに始めて、柔軟に対応し、試行錯誤を繰り返しましょう。

2. ユーザー中心に考えニッチ市場から始める

　生成AIの能力に魅了されすぎないようにしてください。ターゲットユーザーの問題を明確に把握し、どのように価値を提供できるかを考えましょう。理解度の高い市場で、かつ価値を継続して届けられるニッチな市場を選びましょう。

　最初からSpaceXの火星ミッションのような大きな目標を目指すのは現実的ではありません。まずは信頼できるエンジンの構築を目指してください。

3. ノーススターメトリックと成功の指標を定義する

　MVPでユーザーの反応をテストする前に、ノーススターメトリック（12.1節にて後述）と成功の指標を定義してください。意味のあるプロダクト開発であればこれらのKPIは有効ですが、自己満足でつくったものであればまったく機能しないでしょう。これを判断するためにも指標の定義は重要です。

4. チームスポーツとして行う

できるだけ早く、技術をチームメンバーに共有しましょう。生成AIのプロダクトチームは、データサイエンス、マーケティング、戦略、営業、広報、法務など、部門横断的なメンバーで構成すべきです。無駄を省いて技術を運用し、メンバーとプロセスを信頼しましょう。

5. プロンプト評価のイテレーション

プロンプトの評価基準を明確にし、出力品質の定期的な評価をチームの習慣にします。これにより、メンバーの足並みがそろうだけでなく、継続的に学習するチームの文化が醸成されます。

6. 迅速なユーザーフィードバックを求める

ユーザーと実際のデータを使用し、生成AIモデルを評価します。Zoomのエリック・ユアン（Eric Yuan）やAmazonのジェフ・ベゾス（Jeff Bezos）などのリーダーは、顧客志向でいるために日々高いハードルを自らに課しています。

ユアンは10億人のユーザーを抱えながらも、彼らと毎日会話してつねにその動向を把握しています。ベゾスでさえ、顧客からのフィードバックを個人的に確認しています。顧客のリアルな声やフィードバックのいいなりになる必要はありませんが、プロダクトの方向性を決めるときには不可欠です。

もしあなたが大企業にいる場合は、社内でのドッグフーディング（社

内でのテスト）から始めてください。次に、社内で使用してみて問題点を洗い出したうえで、限定的な外部テストを経て、徐々に一般に広げる段階的なアプローチが望ましいです。すると、プロダクトの品質を高めつつ、リリースに伴うリスクも低減できます。

スタートアップの場合は、試験用プラットフォームとなるユーザーコミュニティを構築しましょう。

7. 迅速なイテレーション

最初のMVPは完璧ではありませんが、それでよいのです。迅速なイテレーションが機能を磨く鍵です。Dropboxはその代表例で、具体的なプロダクトが生まれる前のアイデア段階で、ユーザーからのフィードバックを求めていました。

本書の付録2「プロダクトの仮説を検証するプロセスと方法」を参照し、望ましさ（需要性）、ビジネスとしての実現可能性、技術の実現可能性、使いやすさ、倫理的仮説といった事項を検証し、組織としての学びを素早く積み上げましょう。

8. マイルストーンを設定する

生成AIの取り組みについて、OKR（目標成果指標）やマイルストーンを作成します。社内での意思決定、優先順位づけ、開発の勢いを維持できるからです。組織内でのあらゆる進捗状況を共有できるように透明性を高めましょう。

9. 一緒に祝い、一緒に学ぶ

　大規模言語モデルを使用した開発は、つねに試行錯誤が必要で、退屈で時としてフラストレーションを感じることがあります。望ましい結果がいつも現れるわけではありません。プロンプトのわずかな変化で回答が大きく変わることがあります。マイルストーンに達したら、組織でお祝いをしましょう。

10. 変化に柔軟でありながら大きな夢を見る

　生成AIの世界はつねに変化しています。学歴よりも、粘り強い努力と旺盛な好奇心が重視されます。AIの未来への情熱と適応力が強みとなります。議論に参加し、新機能やサービスを研究し、LinkedInやX（旧Twitter）の著名人からの学びを通じて最新情報を入手してください。

　まだルールが決まっていない領域なので、柔軟性を保って、今日の技術的制約にとらわれて目標を小さく限定しないでください。大きな夢を見ましょう。なぜなら、この変化の激しい世界では、自分でルールをつくるチャンスがあるからです。

7.4 大規模言語モデルはオープンソースか、自社独自モデルか？

　生成AIプロダクトを立ち上げる際に、起業家やプロダクトマネージャーたちが直面するもっとも重要な意思決定のひとつは、APIを介して事前にトレーニングされたオープンソースの大規模言語モデルを利用

するか、あるいは自社独自モデルを開発するかを選択することです。

　この意思決定は大きなリスクを伴います。誤った選択をすると、開発の遅れや膨大なコスト、データの侵害も発生する可能性があるからです。では、これらのモデルをどのように使いこなせばよいでしょうか？　詳しく見ていきましょう（**図7-1**）。

クイックウィン戦略：APIを使用してまずはテストをする

　「プロダクトをつくること」は非常に面白くてワクワクすることです。しかしその本質は「プロダクトという形」を通した仮説検証であることを忘れてはなりません。寝食を忘れて魂をこめてつくったプロダクトが、ユーザーに否定されるのは誰だって見たくないものです。

　しかしMVPの段階では、速さこそすべてです。GPT-4やBERTなどの事前にトレーニングされた大規模言語モデルのAPIは、開発を加速させる力になります。経験豊富なプロダクトマネージャーの多くは、素早く検証するための手段として大規模言語モデルのAPIの利用を推奨しています。

オーナーシップ戦略：自社独自の大規模言語モデルへの移行

　高頻度で使われる生成AIプロダクトに市場性があることを証明できたのなら、自社独自の大規模言語モデルに移行するときが来たと考えるべきです。その理由は、データの機密性と信頼性の観点に加えて、プロダクトのユニットエコノミクスを自社で完全に管理できるようになるからです。

観点	クイックウィン戦略：API	オーナーシップ戦略：自社開発
市場投入スピード	プラグ＆プレイで素早く投入可能	初期開発に時間がかかる
初期投資	低い。MVPに最適	高い初期投資が必要
技術的ハードル	低い。ドキュメントが充実している	高い。専門チームが必要
スケーラビリティー	需要の変動に対応するように設計されているが、高トラフィックをさばけない可能性がある	すべて自社でコントロールできる
アップデート	自動だが、アップデートに応じてファインチューニングが必要な場合がある	マニュアルで行い、リソースが必要
スケールするためのコスト	使用量に応じてコストがかかる	自社で運用管理できるのでコスト効率がよい
データプライバシー	情報漏えいの危険性がある	すべて自社で管理するので相対的に高いセキュリティを実現できる
カスタム化	限定的	柔軟に可能
レイテンシー	ローカル環境でできない場合は遅延の影響をかなり受ける	低遅延な自社環境でスムーズに実行可能
依存性	外部サービスに依存	独立性を保っており、自社でコントロールできる
知財・特許	なし	自社の技術で特許化が可能
信頼性	サードパーティーシステムの可用性に依存	自社ですべてコントロール
メンテナンス	サードパーティーのサービスレベルに依存	自社による自己責任

図7-1 大規模言語モデルにおけるクイックウィン戦略とオーナーシップ戦略の比較

その他の考慮事項

その他におさえておくべき事項として次の4点があります。

1. **ビジネス目標**：狙うべきは市場投入へのスピードですか？ それとも高度に専門化・差別化されたプロダクトをつくり上げることですか？

2. **コンプライアンスと規制**：勝負する業界はデータの保存や処理に関して考慮すべき法規制はありますか？

3. **人材**：自社独自モデルの構築とメンテナンスに必要な人材を確保できますか？

4. **プロダクトライフサイクル**：長期的な展望はありますか？ それとも市場におけるクイックテストですか？

これはあくまでもひとつの指針であり、成功の方程式ではありません。クイックウィン戦略か、オーナーシップ戦略かというジレンマに対する単一の答えは存在しません。多くの生成AIプロダクトにとっては、事前にトレーニングされたAPIで開始し、スケールアップするにつれて自社独自モデルに移行するのが最適な選択肢かもしれません。

これは妥協ではなく、次なるプロダクトに向けた準備といえるでしょう。生成AIの進化の方向性をおさえつつも、正しい選択ができれば、短期的なニーズと長期的な目標のバランスをうまく保って成長できます。

> **事例** **AIバトルロワイヤル――大規模言語モデルの実験**
>
> 生成AIプロダクトへの最適な大規模言語モデルの選択は、結局のところ納得のいく出力が出せるかどうかを実験することだといえます。大規模言語モデル選択の際、どう判断すべきでしょうか？ 経験豊富

な元LinkedInのシニアプロダクトディレクターであるジェームズ・レイボルド（James Raybould）が提唱した考え方を紹介します。

　ジェームズは、4つの言語モデルを比較するテストをしました。AnthropicのClaude、OpenAIのChatGPT-4、Perplexity AI、Inflection AIのPiです。彼は「AIバトルロワイヤル」をつくり上げ、それぞれの言語モデルに以下の10の質問を投げかけ、データ分析から創作文学まで、さまざまな分野で能力を競わせました。

1. データリクエスト：消費者向けサブスクリプションビジネスのトップ50を教えてください。
2. 戦略分析：Amazonに対してSWOT分析を400ワードで行ってください。
3. 職場での執筆：2024年のLinkedIn Recruiter ユーザーへ向けて、ブログの導入文を書いてください。
4. ビジネス予測：2030年にもっとも価値のある500億ドル未満の米国企業5社はどの会社ですか？
5. 歴史的分析：なぜジョー・バイデン（Joe Biden）が2020年の選挙に勝利したのか、150ワードで説明してください。
6. ノンフィクション要約：ピーター・アッティア（Peter Attia）の『Outlive』の主要なポイントを150ワードで要約してください。
7. 歌詞の創作：テイラー・スウィフト（Taylor Swift）のスタイルで2023年の米国について5つの詩を書いてください。
8. ノンフィクションの創作：オプラ・ウィンフリー（Oprah Winfrey）の伝記の最初の2段落を書いてください。
9. スポーツの意見：史上最高の5人のサッカー選手は誰か150ワードで答えてください。
10. ランダムユーモア：私を笑わせられると思うことを100ワードで書いてください。

目的は、生成AIプロダクトに使われる可能性のある現実のユース
ケースを模し、知識力だけでなく、創造性、分析力、ユーモアをテス
トすることでした（図7-2）。

CROWNING OUR CHAMPION, CLAUDE EMERGES VICTORIOUS!!

#	TYPE	QUESTION	Claude	ChatGPT	Perplexity	Pi
1	DATA REQUEST	Top 50 Consumer Subs	10	4	2	2
2	STRATEGY ANALYSIS	Amazon SWOT	9	10	9	4
3	WRITING AT WORK	LinkedIn blog post	8	9	8	8
4	BUSINESS PREDICTION	Top 5 Market Cap 2030	9	3	3	6
5	HISTORICAL ANALYSIS	Why Biden win in 2020?	9	9	10	9
6	NON-FICTION BOOK	Summarize 'Outlive'	8	9	9	8
7	CREATIVE SONG-WRITING	5 verses US Taylor Swift	3	7	8	7
8	CREATVE NON-FICT	Oprah bio 2 paragraphs	6	6	8	8
9	SPORTS OPINION	Top 5 Football players	9	8	8	8
10	RANDOM HUMOUR	Make me laugh	5	6	2	7
		TOTALS	**76**	**71**	**70**	**67**

図7-2 AIバトルロワイヤル──4つの大規模言語モデルがリングに立つ
（出典：James Raybould）

ジェームズは、各言語モデルの回答精度に基づいて10点満点で評
価しました。興味深いことに、テストの結果は彼の個人的な感覚と一
致しました。彼は、高品質の文書出力にはClaude、画像関連のタスク
にはChatGPT、情報源への深いリサーチにはPerplexityとPiを使い分
けていました。各質問についての詳細なAIの出力については、こちら
（https://tinyurl.com/yck9upd4）をご覧ください。

この事例は、単にどの大規模言語モデルが優れていたかを比較する
ことではなく、実際に手を動かして実験を行い、その結果を利用する
検証プロセスそのものがいかに大事かがわかります。プロダクトチー
ムが検討している技術に直接関わり、単なる機能だけでなく各選択肢
の微妙な差異を理解するためには手を動かすことが欠かせません。
大規模言語モデルを生成AIプロダクトに利用しようとする人々への
メッセージは明確です。テストし、学び、その結果を意思決定に活か

すこと。 組織的なテストと個人的な経験の両面から検討すれば、特定のニーズに合った正しい選択をできるようになるでしょう。

　生成AIに関するもうひとつの事例としてBuzzFeedの挑戦を見てみましょう。BuzzFeedの生成AI技術と向き合う姿勢は、機敏さ、コラボレーション、拡張性に関して大切なことを教えてくれます。

　彼らは、ライターからエンジニアまで、社内の全員にOpenAIのPlaygroundやSlackボットなどのAIツールへアクセスしてもらうことから始めました。こうすることで、AI技術の限界と潜在力を安全な環境で試せるようになりました。

　また、機械学習エンジニアが記事編集チームと一緒に作業することで、テキストプロンプトの出力を向上させました。これは、AIプロダクト開発を「チームスポーツとして行う」という原則と一致しています。彼らのプロンプトエンジニアリングに関する教訓は、クロスファンクショナルチームの重要性にも現れているのです。

　チームが生成AIの可能性を探求していくうちに、ある困難に直面しました。生成AIは複雑な指示をうまく処理できないのです。これは機械学習の専門知識を要する課題でした。チームは、納得のいく出力とそうでなかった出力とを細かく分析し、ある特徴を特定しました。機械学習エンジニアが助けに入り、生成AIがうまく処理できる指示を適切に調整し、プロンプトを改善しました。

　さらに、創造性を発揮しながらも、倫理的な境界線を越えないようにする難しさにも直面していました。革新性と倫理観のバランスを取るために、ブランドの理念的な側面と、テクノロジーの改善という実務的な側面の両面からのアプローチが求められました。

　生成AIをワークフローに組み込むことは果敢な挑戦ですが、落とし穴がないわけではありません。高度な生成AIプロダクトを走らせるコストは、彼らの広告収入ビジネスに影響を与え始めました。しかし、革新を求める姿勢はつねに新たな解決策を生み出します。オープンソースモデルを微調整し続けることでBuzzFeedはコストを大幅に削減し、制約があっても創造性を発揮できるということをついに証明したのです。

　こうしたBuzzFeedの挑戦を効果的に生成AIプロダクトをつくるための実践的な手引としてぜひ参考にしてみてください[120]。

　ここまで生成AIのMVPをつくるためのガイドラインを説明してきましたが、プロダクトはMVPを出して終わりではありません。もちろん、その先のさらなる成長にも目を配らなければなりません。プロダクトデザインは生成AIの進歩に大きな影響を受けます。

　次節では、生成AIがプロダクトデザインをどのように変革し、MVPからその先の段階に影響を及ぼすのかを見ていきます。

7.5　プロダクトデザインの5つのポイント

　Figmaのプロダクトデザイン担当でバイスプレジデントでもあるノア・レヴィン（Noah Levin）は、「AIは単なるプロダクト以上のものであり、どのように何をデザインするか、そして誰が関与するかを変えるプラットフォームである」といっています[121]。

　生成AIがプロダクトデザインとその開発の未来を形づくる5つのポイントを示します。

1. アイデアの生成

生成AIは、チームが新しいアイデアを発見する初期段階で役に立ちます。シンプルなプロンプトを与えるだけで、革新的な解決策やコンセプトを提案してくれます。

2. 迅速なプロトタイピングとデザインの最適化

UizardやGalileo AIなどのデザイン生成AIのおかげで、プロダクトチームの非デザイナーでも、テキストプロンプトから編集可能で目を引くUIデザインをつくれてしまいます。

生成AIは、既存のデザインやデザインシステムを分析し、具体的なコンポーネントやレイアウトを推奨してくれるので、デザインプロセスを高速に実行できます。要するに、賢いデザインアシスタントとして機能するのです。

3. 開発力の向上

生成AIは開発者の意図を理解し、プロダクト用に最適化されたコードを生成するのに役立ちます。生成AIのコードと人間とのコラボレーションは、リリースまでの時間を大幅に短縮し、プロダクトの質を高めてくれます。

4. プロダクト体験の変革

　生成AIは私たちがプロダクトをつくる方法を変えるだけでなく、何をつくるかをも変えていきます。それは複雑なタスクをシームレスな体験に変え、ウェブサイトやアプリなどの従来のデジタルインターフェースを必要としなくなる可能性をも秘めています。

　知的なチャットボットや仮想アシスタントを活用することで、生成AIが一人ひとりに沿った体験を実現する新時代の幕開けとなるでしょう。人間中心の体験という軸は変わらず、新しいマルチモーダルインタラクション（音声、視覚、触覚などの複数の入力手段を組み合わせて、ユーザーとの対話を自然に行うこと）の基盤が築かれ、前例のないプロダクトを開拓していくことになります。

　ただし、この進化は倫理的な懸念も浮き彫りにするでしょう。次章では、生成AI開発の責任と倫理に関する問題に対処するための「生成AIのための信頼フレームワーク」について説明します。

5. デザインの民主化

　生成AIはプロダクトチームの役割とコラボレーションを再定義し、経験豊富なデザイナーが強力なツールによって、より高度な仕事をできるようになります[122]。一方で、デザインの力をより多くの人々が手にすることで、従来のサイロ型組織の縦割りをなくし、共同で責任を負う組織形態も実現できるのです。

本質は問題解決

　生成AIは人間が飛躍していく触媒となる一方で、人間の倫理に挑戦する存在として私たちと向き合っていくことになります。ウェブやスマートフォンの誕生のように、生成AIは単に私たちがどのようにプロダクトをつくるかを再定義するだけでなく、何を創造し、誰がクリエイターになれるかをも再定義する、ゲームのルールを一変させるゲームチェンジャーです。

　AIを使えばデザインまわりのタスクが自動化できるようになるでしょう。しかしこれは人間の独創性の終わりを告げるものではありません。デザインとプロダクトマネジメントの本質は、問題解決にこそあります。単純作業の自動化は恐れることではありません。こうした新しい「能力」は、問題解決やクリティカルシンキング、倫理観の検討といった人間らしいスキルを飛躍させることに使うべきなのです。

　また「なぜ私たちはつくるのか？」と根本的に問い続けることが重要であり、単に「何を」「どのように」つくるかに目を奪われてはいけません。ですから、生成AI技術への好奇心と人への共感、テクノロジーがもたらす責任への意識をつねに抱きながら、これからの世界を形づくっていくことが大切になります。

7.6　生成AIプロダクトならではの特徴は何か？

　生成AIの可能性は計り知れません。だからこそ、プロダクト開発者やデザイナーにとって生成AIプロダクトづくりの背景にある原理原則を理解することが極めて重要です。

生成AIプロダクトは、高度なアルゴリズムを活用して新しいデータを生み出します。ユーザーの好み、入力情報、文脈を考慮しながら、人間の創造性や意思決定プロセスに近い働きをするのです。従来のプロダクトとは多少の類似点はあるものの、生成AIプロダクトには根本的に異なる独自の特性があります。

生成AIプロダクトの特性

マルチモーダルなコンテンツ作成とハイパーパーソナライゼーション

生成AIは、テキストから画像まで自動的に多様なコンテンツを作成できます。これにより、プロダクトチームは自動化とユーザーコントロールのバランスをとる必要に迫られます。これは、従来は人間による手入力が必須だったソフトウェアプロダクトとは根本的に異なります。

適応と学習

生成AIはデータから学んで継続的に進化していきます。プロダクトの持続的な最適化がAIの進化から後れをとらないように、イテレーション型の開発アプローチが欠かせません。

予測不能な出力と会話インターフェース

従来のソフトウェアプロダクトは、人間の入力に対する出力が比較的線形なため、動作の予測ができました。しかし、生成AIの出力は予測が難しく、品質を管理しづらいという特徴があります。

そのため、生成AIがどのように出力を生成したのかを説明できる「解釈可能性（結果に至るために用いるプロセスを人間がどれだけ簡単に理解できるかを表すこと）」が非常に重要となります。解釈可能性の把握は、Alexa、Siri、ChatGPTなどの会話型インターフェースを、自然で

直感的なユーザーインタラクションにおける新たな水準へと押し広げました。

データ依存性と倫理的懸念

生成AIの性能は、従来のソフトウェアのように一貫した動作ではなく、学習データの質と量に大きく依存します。そのため、データの整合性、プライバシー、アルゴリズムによるバイアスの回避など、倫理的配慮が非常に重要になります。

膨大なコンピューティングリソースと人間の仕事を奪うことへの影響

生成AIプロダクトはかなりの計算リソースが必要であり、従来のソフトウェアよりもコストがかかります。また、人間の仕事を置き換えたり、人間らしさを奪ったりしてしまうようなユーザー体験が台頭すると、倫理的な懸念や社会的な課題を引き起こす可能性があります。一方でこうした傾向は、AIスペシャリストなどの新しい職種を生む可能性も示しています。

従来のソフトウェアプロダクトと生成AIプロダクトの比較

プロダクトチームは、従来のソフトウェアプロダクトと生成AIプロダクトのつくり方の違いを理解しておく必要があります（**図7-3**）。生成AIは継続的に技術が更新され、進化も予測不可能なため、動的なインターフェースや技術の変化に適応しやすい設計と複雑なデータ管理戦略が必要となります。

従来のソフトウェアプロダクトとの違いを受け入れることで、斬新で価値ある生成AIプロダクトを生み出し、ユーザーの問題を解決するための本質的な価値を実現できます。プロダクト開発の未来は、AIの力を活用しながら、独自の課題に注意を払い続けることに他ならないのです。

比較軸	非AIソフトウェア	生成AIプロダクト
ユーザーインターフェース	ユーザーは決まった形式やオプションの中でインタラクションする	ユーザーのインプットとAIのアウトプットに基づいて体験が動的に変わっていく
プロダクトのふるまい	事前に決まっているので時間とともに変わることはない	新しいデータやモデルによって、予測不可能な動きや、これまでより格段によい動きをする
ユーザーインタラクション	特定の結果を得るためにユーザーに対して直接インプットを求める	ユーザーのインプットはAIを導くものの、AI自体は学習されたモデルによって最終的な結果を決めていく
デザイン	ユーザビリティと見栄えを重視している	ユーザビリティと見栄えに加え、説明可能性と、AIプロダクトに対する信頼が強く求められる
データ	機能が想定通り動くために、大量のデータは必ずしも必要ではない	AIモデルのために大量のデータとモデルのトレーニングが必要となる
プロダクトアップデート	機能追加やバグ修正	新しいデータセットやアルゴリズムでモデルの再トレーニングが必要となる
ユーザーフィードバック	累積的な修正や開発に生かされる	AIのふるまいを大きく変えるきっかけに使われる
プライバシーへの懸念	ユーザーのデータをどのように保存しアクセスしているかに依存する	データの保存とアクセスに加えて、モデルトレーニングに使われ、秘匿性の高い情報がアウトプットに使われてしまう可能性がある

図7-3 従来のソフトウェアプロダクトと生成AIプロダクトのつくり方の違い

第8章

プロダクトづくりの
7原則とUXデザイン

　組織の大小にかかわらず、プロダクトづくりに関わる人が増えると、個々人のこだわりが嚙み合わず、プロダクトの統一感を図りづらい状況が発生してしまいがちです。これは「プロダクト原則」を共有していないことに起因します。プロダクト原則とは、組織内の誰がプロダクトをつくっても、必ずそのプロダクトに内包されている共通の価値観のことを指します。プロダクト原則は生成AIプロダクトづくりにおいても欠かせません。ここでは7つの原則を見ていきましょう。

8.1　7つのプロダクト原則

原則1.　ユーザーの問題にはユーザーになじむ世界観で応える

　生成AIプロダクトは、現実にユーザーがいままさに抱えている問題を

解決するからこそ価値が生まれます。つくり手の自己満足に陥ってはなりません。ユーザーの抱える問題には顕在的なものもあれば潜在的なものもあります。現代のプロダクトは人間の仕事や生活に深く入り込んでいることから、プロダクト体験は機能のみならず、社会的な影響、感情的および文化的側面への考慮も求められます。プロダクトチームはこうしたプロダクトの価値観を、意思決定の際に必ず考えなければなりません。

　原則1を体現する素晴らしい例として、メンタルヘルスチャットボットWoebotの開発が挙げられます。人間が共感するフレーズを取り入れた自然な会話を模倣することで、より思いやりと理解力のあるユーザー体験をつくり出しました。ユーザーとAIとの効果的で満足度の高いインタラクションを実現しています。単に機能的なタスクをこなすだけでなく、ユーザーの感情的ニーズにも応え、ユーザーの心の支えや息抜きとなる価値を提供しています。

原則2. 透明性と説明可能性を取り入れる

　ユーザーが生成AIプロダクトを信頼するためには、AIによって生成された体験やその結果をユーザーが理解、納得できることが重要です。だからこそ、AIの仕組みとその限界、どのようにAIが結論や決定を導き出すのかを明確に伝える必要があります。なぜその結果が出てきたのかがわからない「ブラックボックス」の生成AIプロダクトに対して、ユーザーは理解できないだけでなく心理的抵抗や疑念を抱くようになります。

　生成AIプロダクトの透明性と説明可能性（AIや機械学習モデルの決定や行動がどのようにして導かれたかを人間が理解できるようにする特性を指し、モデルがどのようにして特定の出力や予測を行ったのか、そのプロセスの透明性を高め人間が解釈できるように提供すること）を高め

ることで、ユーザーに信頼して使い続けてもらえるようになるでしょう。

原則3. フィードバックループの実装

生成AIの出力は入力データの質と量に大きく左右されます。多様なデータセットを組み込めれば対応できるユースケースは増えるかもしれません。しかし玉石混交なデータであれば、「ゴミが入ればゴミが出る」現象も起きます。ユーザーフィードバックと定量データを使いこなしてプロダクトを改善し、生成AIがユーザーの要求と期待に沿って進化するようにする必要があります。

また、生成AIとはいえ出力エラーが生じる可能性は避けられません。ネガティブな体験でユーザーをがっかりさせないようエラー処理と復旧メカニズムを備えることも忘れないでください[123]。

原則4. 自動化と制御のバランス

生成AIアルゴリズムは、繰り返しタスクを自動化したり、新しいアイデアを生成したりしてユーザーの能力を高めます。一方でユーザーには自分たちがAIを管理し、生成プロセスに積極的に関わっていると理解してもらう必要があります。自動化とユーザーに何をどこまで入力してもらうかのバランスを見極めることは、生成AIプロダクトの創造性と生産性の最大化に不可欠です。

ユーザーにパラメータや制約を設定してもらったり、特定のニーズに応じて動作を調整できるようにしたりすることで、ユーザーに主導権をもつ感覚を抱いてもらえるようになります。こうした制御なしに自動化を推し進めると、ユーザーはまるで生成AIプロダクトに支配されてい

るかのように錯覚してしまうでしょう。

　たとえばGrammarlyは、ユーザーが書いたテキストに複数の候補を示し、ニーズにもっとも適したものを選択してもらうようにしています[124]。またユーザーに文体やリズム、長さなどの要素を指示してもらい文章を作成できます。AIが生成したコンテンツとユーザーの関与のバランスは、人間とAIのコラボレーションのあり方を定義することそのものなのです。

　生成AIにおける意思決定のサポートもしくは自動化においてもバランスが重要です。医療診断のパーソナライゼーションや投資ポートフォリオの推奨など、AIは複雑な意思決定を自動化できますが、完全な自動化がつねによいわけではありません。主導権を人間がどこまでもつのか、自動化とのバランスを適切に設定することで、リスクが高い場面においても人間が最終判断を下すことができます。

原則5. 安全性と倫理を優先する

　データ漏えいやプライバシーへの懸念が高まる昨今、有害または不適切なコンテンツを生成する可能性がある生成AIの安全性と倫理的配慮は最優先事項です。生成AIプロダクトの開発では、徹底的な安全対策、セキュリティプロトコル、ユーザー同意の取得、プライバシー規制と倫理ガイドラインの遵守は必須です。機能だけでなく、責任感、公平性、透明性を備えた生成AIプロダクトの設計が、信頼を築くためには欠かせません。

　たとえば、OpenAIのGPTは不適切なコンテンツをフィルタリングするメカニズムをもち、ユースケースポリシーを遵守しています。安全性と倫理観を優先することでユーザーとの間に信頼を構築しユーザーの自信につなげている好例といえます（AIプロダクトをめぐる倫理と責任については第10章を参照）。

原則6. アクセシビリティを考慮したインクルーシブな設計

　生成AIプロダクトをユーザー中心に設計するためには、アクセシビリティを考慮したインクルーシブデザインが欠かせません。多様なユーザーに対応するには、言語設定の変更、スクリーンリーダーへの対応、入力／出力方式の選択肢の提供が重要となります。たとえば、AI音声プロダクトでは、聴覚障害をもつユーザー向けに字幕や音声内容を視覚的に表現し、アクセシビリティを向上させることで、ユーザー体験の改善が期待できます。

　アクセシビリティとインクルーシブデザインを意識した設計は後回しにされがちです。だからこそ「多様なユーザー層を尊重する」体験をつくるには、意識的に取り組まなければなりません。ここでいう「意識的」とは、特定の文化、宗教、地域における習慣、好み、慣習などを考慮し、それらを生成AIプロダクトのインタラクション戦略の中核に組み込むことです。

　そのためのひとつの方法は、網羅的なペルソナの作成です。ペルソナは、障害者、非ネイティブスピーカー、多様な文化的背景をもつ人々など、これまで見過ごされがちだったグループの声を確実に反映させてつくるものです[125]。従来のペルソナのように「ユーザーの平均値」だけを抽出するのとはわけが違います。

原則7. 人間の能力を拡張する

　「人間の能力を拡張する」とは、AIを人間のスキルに置き換えるのではなく、より効率的に目的を達成するための支援ツールとして機能させることを指します。AIは人間の潜在能力を強化し、長所や能力を引き

出しつつ、不確実さのある場面や困難な場面でサポートします。つまり、AIは人間を支援し、効率を高めながらも場合に応じて人間が介入できるよう設計されるべきです。人間とAIが相互に協力できるシステムを設計することで、より共生的な関係を実現できます。

　パリを拠点とするKinetixは、3DアニメーションとAIを組み合わせ、ビデオゲームや仮想世界で使用されるユーザー生成アニメーションEmoteの作成プロセスを自動化しています[126]。ダンスやジェスチャーなど、感情を表現するアニメーションです。Kinetixを使用すると、ユーザー、クリエイター、ビデオゲーム作成者、メタバースプラットフォーマーたちは数秒でアニメーション化された3Dコンテンツを作成・編集できます。カスタム3Dアニメーションコンテンツを誰でもつくれるようになり、以前は数千人のアーティストやアニメーターに限定されていたスキルセットが数百万もの人に拡張されました。

　生成AIのもうひとつの素晴らしい例として、本書の著者の一人であるシビーが小説以外のノンフィクション本を執筆したいという夢をもっていたことが挙げられます。これまでは、調査、執筆、編集といった膨大な作業に加え、フルタイムの仕事との兼ね合いもあり実現は難しいと思っていました。

　そこで、彼女はGPT-4を活用しました。GPT-4は知識を凝縮し、編集する能力をもっており、本の初稿をわずか60日間で書き上げることができたのです。生成AIのサポートは、彼女の専門知識や創造性を奪うものではありませんでした。むしろ、その膨大な作業負担を軽減し、より効率的かつ楽に、長年の夢を実現するためのプロセスを合理化してくれたのです。実際、GPT-4と共に執筆するプロセスは、非常に楽しく知的に刺激的な体験だったということです[127][128][129][130]。

8.2 6つのデザインパターン

　生成AIの世界は急速に進化していますが、洗練されたデザインはもはや必要不可欠なものになりつつあります。生成AIプロダクトがより自律的になるにつれて、デザインの役割は単なる見栄えのよさから、ユーザーに使いやすさを保証し、倫理観を遵守する役割をもつようになっています。

　かつてスティーブ・ジョブズ（Steve Jobs）は「デザインとは、どのように見えるか、人が感じるかだけではない。デザインこそ機能でもある」といいました。つまり洗練されたデザインセンスとは、単に機能するプロダクトと、ユーザーに共感し喜びをもたらすプロダクトを明確に区別できるものなのです。

　それでは、生成AIのプロダクトマネジメントにおいて重要となる主なデザインパターンとインタラクションについて見ていきましょう。ここでは、会話型AI、コンテンツ生成型AI、検索型AI、パーソナライズ型AI、予測型AI、アシスト型AIに分類してそれぞれ解説します。

会話型AI

　会話型AIは、人間が対話するように自然で直感的な会話を実現します。デザイン上の課題は、さまざまな会話の文脈を考慮したユーザー体験と、一貫してわかりやすい対話の流れを維持することです。具体的には、以下のデザインパターンが挙げられます。

1.動的レスポンスツリー：単にユーザーに選択肢を提示するだけでは

なく、より流動的で自然な対話を実現するために、ユーザーの入力に対して流動的に会話を変えていきます。

2.**コンテキストの保存**：過去の対話を覚えることで、別の会話になったとしても継ぎ目なく一貫したユーザーの会話体験を実現します。

3.**感情分析**：ユーザーの感情的なトーンを理解して、より共感に富む対話をするために応答を変えることができます。

4.**リアルタイム適応**：事前に設定された通りの回答をする従来のチャットボットとは異なり、リアルタイムで応答します。より流動的で魅力的な会話を実現します。

5.**可変的な対話フロー**：ちょっとした問いかけからカジュアルな会話まで、さまざまな文脈で一貫した流れを維持できます。

事例 ▶ **Inflection.aiのコンパニオンチャットボットPi**

　AIチャットボットの世界は活況を呈していますが、Inflection.aiのPiは、自然な会話や優しいアドバイスを提供し、親切で人に寄り添えるプロダクトとして設計されています。Piが他と一線を画すのは、対話パートナーとしてユーザーに順応できる能力です。あるときは学習を導く先生、またあるときは心配事に一緒に向き合う相談相手など、まるでカメレオンのように環境に適応し、あらゆる対話体験を豊かにしてくれます。これは「動的レスポンスツリー」のデザインパターンで示したように、ユーザーに合わせた対応を実現できているからです。

　Piの温かくやわらかな口調は居心地よい対話の雰囲気をつくり出し、「感情分析」を体現しています。まるで心理的な安全地帯にいるように感じられるため、ユーザーは自然に心を開くことができます。また、Piはただ聞くだけではありません。ユーザーの言葉をいい換えたり、思考を明確にするための質問を投げ返したりすることで、「コ

ンテキストの保存」を実践し、会話に深さと一貫性をもたせています。

さらに、Piはユーザーの考え方をあえて変えようとしてきます。「リアルタイム適応」で新しい視点を取り入れて会話を知的かつ刺激的なものにします。一方で、Piは自分の限界も知っています。フィードバックを適切に受け入れ、対応できない議論からは身を引くなど、「可変的な対話フロー」を意識しています。

人とのつながりに至高の価値がある世の中において、Piの会話型AIは単なる実用的なツール以上のものであることを証明しています。複雑なUXパターンを調和させるよく練られたデザインのおかげで、真の対話相手になれるのです[131]。

コンテンツ生成型AI

生成AIはテキスト、画像、音楽といった多様なコンテンツを自動的に生成できます。主なデザインパターンには以下のようなものがあります。

1. **プロンプトガイド**：初心者ユーザーでも容易にAIを活用できるように、生成可能なコンテンツの種類を示す直感的な提案をします。
2. **ユーザーが決める制約条件**：ユーザーが特定のパラメータや制約を設定することで、コンテンツ生成プロセスをユーザーが主導できるようになります。
3. **オン・ザ・フライ コンテンツ生成**：ユーザーとやりとりしながらリアルタイムに独自性のあるコンテンツをつくり上げます。読み込み中の時間を利用してコンテンツ生成の複雑さをユーザーに伝え、待ち時間を緩和させるとよりよい体験になります。

4.プレビューと編集：生成されたコンテンツのプレビューを提示し、ユーザーが最終的な出力を微調整できるようにします。

5.オートコンプリートとサジェスト：ユーザーの入力に基づいてリアルタイムで候補を表示したり、オートコンプリートを提供したりすることで操作性を高め、認知的負荷を軽減します。

6.倫理的で責任ある生成：生成されたコンテンツが倫理規範と基準を満たしていることを確認できる必要があります。

> 事例 **Canva Magic Studio：デザインにおける生成AIの好例**
>
> 　CanvaのAI搭載ツール群であるCanva Magic Studio [132] は、本書で挙げたデザインパターンを完璧に体現しています。2023年10月4日に立ち上げられたこのツールは、初心者からプロフェッショナルまで、誰もが使えるオールインワンのAIデザインツールです。
>
> 　その斬新な機能のひとつがMagic Designです。「プロンプトガイド」を活用し、ユーザーがプロモーションビデオやソーシャルメディア投稿など、作成したいコンテンツのイメージが広がるように支援します。さらにムード、ジャンル、カラーパレット、ブランドボイスといった制約条件をユーザーが設定でき、リアルタイムで生成される選択肢を見てAIに指示ができます。生成されたデザインは「プレビューと編集」が可能で、最終出力がユーザーの意図通りであることを確認できるようになっているのです。
>
> 　さらにMagic Switchは、ひとつのデザインをわずか数秒で、さまざまなプラットフォームや言語に対応した複数のバリエーションを生み出すことができます。これに加え「オートコンプリートとサジェスト」機能は、見出しやその他の要素に対してリアルタイムな提案をしてくれます。

検索型AI

オンライン検索で、リンクの乱立や矛盾する情報に悩まされた経験は
誰にでもあるはずです。際限なくページをスクロールするのはうんざり
ですよね？　必要な情報が簡潔かつ的確に答えられ、さらに深掘りした
い場合は選択肢も提示される、そんな検索体験を想像してみてください。
これが大規模言語モデル搭載の検索エンジンです。

また、企業における検索の課題といえば、コミュニケーションアプリ
やデータベースの迷宮をさまよって、目的のドキュメントや記述内容を
探すことです。これを解決するものとして検索型AIは企業向けアプリ
ケーションの領域でも力を発揮できるでしょう。検索型AIのデザイン
パターンを以下に示します。

1.**検索体験の革新**：大規模言語モデルは検索エンジンが莫大な情報を
ふるい分けた後に核心を抽出し、ユーザーの質問に簡潔かつ明快に
答えます。たとえば、エルゴノミクスチェアの検索では、複数のレ
ビューサイトや掲示板を表示する代わりに、上位の人気チェアとそ
の特徴がリストアップされます。

2.**信頼性の高い情報を届ける**：キュレーションされた回答の信頼性と
検証可能性を高めるため、信頼できる情報源の明示が不可欠です。
自動的に引用を添えて、ユーザーが情報を確認するための手がかり
を提供します。

3.**対話形式のインターフェースで検索を洗練**：会話形式のインター
フェースでユーザーとやりとりすることで、検索をよりインタラク
ティブにし、検索プロセスのストレスを減らします。

4.**AIが提案するコンテンツでさらなる探求を促す**：ユーザーの行動、
過去の検索、その他のコンテキスト情報に基づいて、新しい検索候

補を生成し、ユーザーをより深い知的探求へと誘導します。

5.視覚・マルチモーダル検索：大規模言語モデルと視覚認識技術を組
み合わせることで、テキスト、画像、動画を横断した高度な検索が
可能になります。

事例 ▶ **Consensus AI**

Consensus AI [133] は、2億件を超える膨大な科学論文データベー
スから関連性の高い情報を抽出し、ユーザーに提供しています。研究
者はシンプルな検索クエリを入力するだけで、主要な検索結果をまと
めた適切な論文の要約を読むことができます。これまで何時間もかけ
て調べていた時間を大幅に節約できるようになりました。信頼性は
Consensusの核心であり、情報源を明示することにより、すべての
回答が信頼できる引用によって裏付けられていることがわかるように
なっています。

さらに、Consensus Meterは、質問に対する回答の妥当性に基づ
いてもっとも関連性の高い情報を分類します。こうした透明性によ
り、キュレーションされた情報のさらなる探索と検証ができます。
Consensus AIは、AI搭載検索エンジンが学術研究を大幅に効率化し、
デジタル時代の研究者にとって信頼できるパートナーになりえること
を示しています。

パーソナライズ型AI

パーソナライゼーションとは、個々人の好みに合わせて体験をカスタ

マイズすることであり、ユーザーがプロダクトを使い続けてくれるきっかけを生み出します。従来のソフトウェアプロダクトのレコメンデーションは、特定のアルゴリズムを使用しますが、生成AIはレコメンデーション体験をさらに進化させます。こうした体験を設計するには、ユーザーとの距離感を適切に保つデザインパターンを作成する必要があります。

1. **適応型UI**：インターフェースはユーザーの行動や明示的な好みに基づいて調整されます。
2. **ユーザーの行動トラッキング**：ユーザーのプロダクトとのインタラクションから、アルゴリズムがユーザーの行動を継続的に学習することでパーソナライゼーションを実現します。
3. **動的なコンテンツの読み込み**：コンテンツは、ユーザーの過去の行動や明示的な好みや意図に基づいて動的に表示されます。
4. **状況に応じた通知**：ユーザーの現在のコンテキスト（場所や時刻など）に基づいて最適な通知を送信します。
5. **倫理的なパーソナライズ**：データがパーソナライゼーションにどのように使用されているかをユーザーが理解し、管理する選択肢を提供する必要があります。

事例 **Netflixのパーソナライゼーションされたライブストリーミング**

Netflixのユーザー体験は、パーソナライズされたAIのもっともわかりやすい例です。複数のデザインパターンを組み合わせることで、一人ひとりに合わせたストリーミング体験を提供しています。ログインした瞬間から、「適応型UI」により視聴履歴やジャンル設定に合わせて調整された画面が表示されます。これは、再生、一時停止、スキップなどのユーザーの操作を高度なアルゴリズムが分析し、コンテンツ

のおすすめを継続的にアップデートすることで強化されています。さらに、「動的なコンテンツの読み込み」により、過去の視聴履歴や設定された好みに合った番組や映画がホーム画面に表示され、パーソナライゼーションがさらに進みます。

　Netflixは、単にタイトルをおすすめするだけではなく、個々のユーザーの好みに合わせて各タイトルの画像までカスタマイズしています。これにより、タイトルリストを調整するだけでなく、魅力的なビジュアルでユーザーを引き込み、一人ひとりのユーザーにとってNetflixを特別なプロダクトのように感じさせるのです。

　たとえば、ロマンチック映画を多く鑑賞してきたユーザーの場合、マット・デイモン（Matt Damon）とミニ・ドライバーが映った画像の方が『グッド・ウィル・ハンティング』に興味をもつ可能性が高いでしょう。一方、コメディ映画を多く鑑賞してきたユーザーは、有名なコメディアンであるロビン・ウィリアムズ（Robin Williams）が映った画像に惹かれるかもしれません。このように、ユーザーの鑑賞傾向に合わせて作品の提示方法を工夫することで、個々の好みにあった作品をより効果的にアピールすることができます。

　ユーザーとのやりとりはプラットフォーム内だけにとどまりません。ユーザーがもっとも視聴しそうなタイミング、たとえば夜間や週末に、お気に入りのシリーズの新エピソードや映画の続編についてお知らせする「状況に応じた通知」機能も備えています。さらに、昨今のデータプライバシーへの配慮を重視し、「倫理的なパーソナライズ」機能も取り入れられています。アカウント設定画面では、データがどのようにパーソナライゼーションに利用されているかが示され、設定の調整も可能です。こうしたデザインパターンの相乗効果により、まるで自分専用のプラットフォームのように感じられる体験を提供しています[134]。

予測型AI

　予測型AIは、ユーザーが明確に意思表示をする前にそのニーズや行動を先読みします。予測を自然なインタラクションフローに統合し、唐突で不快なユーザー体験にならないようにしないとユーザーに避けられてしまうでしょう。予測情報をわかりやすく、かつユーザーの行動の邪魔にならないように提示できるデザインパターンとする必要があります。

1.次の最適なアクション：ユーザーが次に取る可能性がもっとも高い行動を予測し、提案します。
2.予測検索：過去のデータと人気のトレンドを使って検索用語を自動で入力支援します。
3.事前入力情報：ユーザーの過去のやりとりに基づいてフォームや設定を自動入力します。
4.状況に応じた予測：ユーザーの現在の状況（場所や時間など）に基づいて予測を提供します。
5.シミュレーションと予測のためのデータ生成：合成データを生成して将来のシナリオを示し、戦略的な意思決定を支援します。

事例　Amazonの予測型ショッピング体験

　Amazonは、予測型AIを活用してオンラインショッピングを根本的に変革し、直感的でユーザー行動の先を読んだユーザー体験を提供しています。ログインすると、閲覧履歴に基づくパーソナライズされた商品のおすすめがすぐに表示され、「次の最適なアクション」を促します。検索バーに入力し始めると、「予測検索」アルゴリズムが起動し、過去

の検索履歴や人気のトレンドに合った商品やカテゴリを提案します。

　さらに、過去の購入履歴に基づいて住所と支払い情報を自動入力することで、チェックアウト時の時間を節約します。Amazonの予測機能は、ロケーションや季節のイベントなど「状況に応じた予測」にも対応しており、タイムリーなセールやおすすめを提案します。また、高度な「シミュレーションと予測のためのデータ生成」機能は、プラットフォームを利用する企業が在庫状況を予測し、価格を最適化するのにも役立ちます。こうした連携により、スムーズな予測型ショッピング体験が生まれ、ユーザーが何度も利用したくなるプラットフォームとなっています。

アシスト型AI

　アシスト型AIは、ユーザーのタスクを簡単に効率的に終わらせることを目指しています。従来のソフトウェアプロダクトの退屈なヘルプメニューやFAQとは異なり、アシスト型AIはユーザー行動のコンテキストに基づき、人間のスタッフのようにサポートします。さらに、生成AIをワークフローに導入し、精度を高めます。作業内容を入力し、結果を確認して、一括実行するだけで完了です。こうしたことの実現には、ユーザーのワークフローを理解し、生成AIが邪魔にならずに効果的な支援をするポイントの特定が重要です。アシスト型AIを活用したデザインパターンは以下の通りです。

1.コンテキストに応じたツールチップ：ユーザーの現在の行動に直接
　関連するヘルプやガイダンスを提供します。

2. **タスクの自動化**：繰り返し行われる日常的なタスクを自動化し、ユーザーの行動から学習して精度を向上させます。

3. **リアルタイムでのエラー検出**：エラーが発生した時点でそれを特定し、すぐに修正提案を行います。

4. **適応型ワークフロー支援**：繰り返し行われるユーザーの行動に基づいて、ワークフローの改善やショートカットを提案します。継続的に学習して適応できるようになります。

5. **データドリブン意思決定**：既存のデータエコシステムとシームレスに統合し、抜け漏れの少ない提案で意思決定を支援し、タスクを自動化します。

6. **相互運用性**：幅広い既存ツールとの統合が可能であり、新しい技術にも適応できます。

事例　Copy.aiのワークフロー

　Copy.aiのワークフロー機能は、生産性とタスク自動化の分野における革新的なソリューションです。単なるコンテンツ生成ツールにとどまらず、Copy.aiは人々がより多くのことを達成し、エンパワーメントされることを目指しています。

　ワークフローを使用すると、複雑なマルチステップのAIプロセスを簡単かつ柔軟に作成・実行できます。たとえば、商品ドキュメントを入力するだけで、カスタマーサポート向けのFAQやマーケティング用のコピーを自動生成するワークフローを作成できます。

　営業活動においても、ユーザーは対象者のLinkedIn URLを入力するだけで、数百件のパーソナライズされた営業メールを一括作成できます。自動生成されるセールスバトルカード（商談を成功に導く情報資産）を使えば、顧客からの反論への対応もスムーズに行えます。さらに、営

業電話やプロダクトデモの内容を、自動的に分析レポート、マーケティング戦略、プレゼンテーション資料に変換することも可能です。

このようにCopy.aiのワークフローは、コンテンツ生成以上の価値を提供し、あらゆる業界の幅広い業務においてタスクを効率化し、ユーザーの生産性と満足度を向上させる革新的なツールとなっています[135]。

Copy.aiのビジョンは、単なるツールを超えて生産性の向上に欠かせない強力なソリューションになることです。サービスを利用する企業は自社内のチームを増やすことなく、業務やアイデアを飛躍的にスケールさせることができます。時間こそがもっとも貴重な資産である現代において、Copy.aiは「スマートに働く」ことの基準を打ち立て、従来の1000倍の生産性向上と能力向上を目指しています[136]。

8.3 UXデザインの5ステップ

ここまで、さまざまなタイプの生成AIプロダクトにおけるインタラクションとデザインパターンを学んできました。これらをユーザーエンゲージメントのステップに沿って整理することで、起業家やプロダクトマネージャーはいつ、どこにこれらのデザインパターンを適用すればよいかがわかります。

ステップ1. 新規登録／検討：魅力的な第一印象づくり

ユーザーがプロダクトと初めて出会う瞬間は極めて重要です。ユーザーがプロダクトを使うかどうか検討するとき、プロダクトと自身の関

係性と価値を見定め、以下のような自問自答をしています。

- このプロダクトは自分に合っているだろうか？
- 自分が求めているものを提供してくれるだろうか？
- 自分が解決したい問題を解決してくれるだろうか？
- このツールを簡単に使いこなせるだろうか？

生成AIはこのような重要な段階で、以下のような影響を与えることができます。

1. パーソナライズされた感覚に訴えるメッセージング：感情的なエンゲージメントを高める

魅力的なビジュアル、心をつかむ文章、さらには音やタッチなどのインタラクティブ要素を活用して、ユーザーの感情的なエンゲージメントを高めましょう。生成AIはルックアライクモデリング（Look-Alike modeling）と予測分析を活用して、個々のユーザーに響くパーソナライズされたメッセージをつくり、プロダクトの魅力を最大限に引き出すことができます。

2. 説明するだけでなく見せる

ユーザーと曖昧な約束をするのではなく、生成AIを活用して、具体的なメリットを訴える強力なコピー、説明動画、インタラクティブデモを生成し、プロダクトの機能を実際に体感できるようなコンテンツを提供しましょう。ユーザーが自ら説明文を読むのを期待してはいけません。

たとえば、金融AIアプリなら、「当社のアルゴリズムは毎日1万以上の銘柄を分析し、パーソナライズされた投資アドバイスを提供します。実績として、平均20％のポートフォリオ価値向上を実現しています」といった具体的なメッセージをビジュアルとともに伝えると、ユーザーは

より一層プロダクトの価値を理解してくれます。

3. AIでさまざまな疑問に答える

　AI搭載のチャットボットやバーチャルアシスタントを導入し、ユーザーの質問に答えられる、機能の詳細な説明を行えるようにしましょう。ユーザーが懸念を抱いたときにすぐに対処できるだけでなく、プロダクトの価値に関する理解を深めてもらう機会になります。このタイミングを逃すとユーザーはプロダクトへのモチベーションを失ってしまいます。

4. 倫理と透明性

　可能であれば、AIがどのようにデータを活用しているか、偏見を防いで倫理的な運用を行うための取り組みなどを、わかりやすくユーザーに伝えましょう。ユーザーに使い続けてもらうプロダクトであるためには、早い段階からユーザーと信頼を築くことが不可欠です。

　以上の方法で生成AIを活用できれば、より魅力的な第一印象をつくり出すことができます。単にユーザーの興味を惹きつけるだけでなく、プロダクト利用の検討段階から積極的なエンゲージメントへと迅速に促すことができるのです。

ステップ2. オンボーディング：ユーザー体験の最適化

　オンボーディングは、プロダクトのコアバリューを実現するための入口です。ユーザーはここで、さまざまな許可や各種の情報の登録などを行い、プロダクトを自分好みにカスタマイズします。
　生成AIプロダクトにおいて、ステップ2はパーソナライズされた体験

のための土台となりますが、離脱率を最小限に抑えるような設計も求められます。主要な戦略は以下の8つになります。

1. AIを活用したパーソナライゼーション

　AIを活用して、ユーザーのニーズと過去のデータに基づいてオンボーディングをカスタマイズします。たとえば、ニュースアプリではユーザーの興味に合った記事をすぐに表示したり、フィットネスアプリではユーザーの目標に基づいてワークアウトを提案したりすることができます。

　他にも、「AI生成コンテンツのトーンは、フォーマル、カジュアル、遊び心のある……などいずれがお好みですか？」といったように好みを直接ユーザーに尋ねて直接的にユーザーの志向を知る方法もあります。

2. 段階的な情報開示

　一度にすべての機能や選択肢をユーザーに提示しないようにしましょう。選択肢を最小限にするか、デフォルトの選択肢を示すことで、ユーザーの意思決定への労力を軽減できます。大きなワークフローは、小さいステップに分割しましょう。

　ユーザーが基本的な機能に慣れてきたら、徐々に複雑な機能を公開していきます。生成AIはこのプロセスを各ユーザーの学習速度に適応させることができ、ユーザーにストレスを極力与えないようにします。オンボーディング中にすべての機能を開示しようとするプロダクトがありますが、それは得策ではありません。複雑なUIではなく、簡素化されたUIや的が絞られたUI、初めて使用する人向けのチュートリアルやチェックリストなどを取り入れながら段階的にユーザーを導きます。

3. 即時の価値提供

　新規登録してもらった後「説明するだけでなく、見せる」ことで、すぐに価値を体験してもらえるようにしましょう。たとえば、金融アプリ

はユーザーの支出パターンを最小限の入力で分析し、節約のためにすべきことなどを提示しています。

　他にもテンプレートは、即時の価値を体験できる優れた方法です。ユーザーを「ああ、なるほど！」と気づく瞬間（アハ・モーメント）に導けます。ユーザーが問題を解決できるテンプレートを提案し、作業開始を支援することで、ユーザーを成功に導けるのです。

4. 生成AI機能のエントリーポイントと利用方法

　デザイナーは、直感的なアイコンを活用して、生成AI機能のわかりやすい入口を画面の中に用意しましょう。魔法の杖のようなアイコンは、生成AIの「魔法のような」能力を表現するだけでなく、ユーザーが機能の目的を理解する視覚的な手掛かりとしても役立ちます。

　これは、生成AIを既存プロダクトに統合する際にとくに効果的で、ユーザーがこれらの高度な機能に気づき、利用の促進につながります。複雑な機能を使う一歩目のハードルを下げ、最初のインタラクションからすぐに魅力を感じてもらえるよう導くことが目的です。

5. ユーザーを飽きさせない読み込み状態

　生成AIプロダクトは、コンテンツの計算と生成に通常より長い処理時間が必要となります。そのため、単調な読み込み画面を表示するのではなく、この時間を利用して戦略的にユーザーと関わりましょう。

6. 簡潔な許諾要求とスマートなデフォルト設定

　プロダクトがユーザーデータへのアクセスやその他の許可をする必要がある場合は、その必要性とメリットをユーザーに明確に伝えましょう。ユーザーがすぐに価値を確認できる状況で、文脈に応じて許可を要求しましょう。文脈やユーザーデータに基づいて自動入力でユーザーを支援し、起動時の操作を省力化し、ユーザーが疲れないようにします。ソーシャ

ルプルーフ（社会的証明）を活用してユーザーを安心させたり、シング
ルサインオン（1度の認証で複数のシステムやクラウドサービス、アプリ
ケーションに自動でログインできる仕組み）などの基本機能を用意した
りすると、ユーザーを迅速に初期設定から先に進めることができます。

7. ペルソナドリブン／パーソナライズされたフロー

オンボーディング時の満足度を最大化するために、特定のユースケー
ス、Jobs-To-Be-Done（JTBD）、ユーザーの意図レベルなどに基づいて
カスタマイズされた価値体験の、初回完了までのステップを検討しま
しょう。

8. オンボーディング歓迎メール

新規登録したユーザー全員がすぐにプロダクトを使い始めるわけでは
ありません。歓迎メールや自動キャンペーンで機能、ヒント、ソーシャ
ルプルーフ、デモリクエストを紹介することで、ユーザーにプロダクト
を思い出してもらい、再利用を促します。

ユーザー中心のデザインの核心にあるのは、シンプルさです。ユーザー
が感じる労力を軽減し、物理的および精神的な摩擦を減らす体験をつく
り出します。物理的な摩擦とは、ユーザーが目的を達成するのに必要な
アクション、クリック、スクロール、フォームへの入力などのことです。
精神的な摩擦（認知的負荷）とはプロダクトを使用するために必要な精
神的負担や集中力のことです。プロダクトチームは、シンプルで効果的
な体験を提供するために、どれくらいの摩擦なら許容されるかを仮説を
もとにデザインし検証します。

このようなアプローチにより、ユーザーはプロダクトのコア機能を理
解するだけでなく、迅速に価値を実感することができ、長くこのプロダ
クトを使えると思えるようになります。

ステップ3.アハ・モーメント：長期的な関与を促す鍵

「アハ・モーメント」とは、ユーザーが初めてプロダクトのコアバリューを体感する瞬間です。プロダクトが自分に何をもたらしてくれるのかを理解するこの瞬間は、習慣形成の第一歩となります。ユーザーがプロダクトと深く関わるためには、アハ・モーメントまでの時間をなるべく短くすることです。効果的なアハ・モーメントを生み出すための4つの戦略を以下に紹介します。

1. コアアクション

プロダクトのコアバリューをもっともよく体現する、重要なアクティビティを特定します。ユーザーにできるだけ早く体験してもらいたいアクションとなります。

2. 歓迎体験

最初のつまらない体験でユーザーのモチベーションと興味をそがないようにしましょう。事前にユーザーデータを集めることで、よりパーソナライズされた魅力的な体験を設計し、ユーザーをコアアクションへと導けます。

3. 指向性のあるガイド

ユーザーが重要なエンゲージメントに集中できるようにします。ユーザーが目的もなく迷子にならないように、明確な道筋を示しましょう。

4. 戦略的なエンゲージメントポイント

空白状態、読み込み画面など、ユーザーのフラストレーションを引き起こす可能性のある瞬間を、ユーザーとの再エンゲージメントのチャン

スとしましょう。これらのタイミングを利用して、ユーザーを再教育したり、嬉しい驚きを提供したりすればコアアクションに再び注目してもらうことができます。

　これらの戦略を実践することで、アハ・モーメントをより早く、より効果的にユーザーに体験してもらい、長期的なエンゲージメントを促進できるでしょう。
　ユーザーをアハ・モーメントに導くためのもうひとつの重要な要素は、ユーザーが個人情報などを提供する「ハードウォール」を遅らせることです。代表的な例としては、TikTokやDuolingoがあります。これらのアプリでは、ハードウォールの前にプロダクトを自由に体験できます。どこにハードウォールを配置するかは検証によって最適化できますが、ユーザージャーニーの早い段階でコアバリューを示すことで、不要な離脱を大幅に減らせるというメリットがあります。
　生成AIにおいてアハ・モーメントは、パーソナライズされた提案、インパクトのあるデータビジュアライゼーション、時間節約になる自動タスクなどによって引き起こされる可能性があります。適切に設計されたアハ・モーメントは、単に記憶に残るだけではなく、ユーザーをプロダクトに惹きつける接着剤のような役割を果たします。

ステップ4. 習慣が生まれる瞬間：深いエンゲージメントの育成

　「習慣が生まれる瞬間」とは、ユーザーがプロダクトを日々のルーティンに取り入れ、コアバリューを繰り返し実感するようになるタイミングです。生成AIプロダクトにおいては、AIがユーザーの行動や嗜好を理解し、つねに価値の高い支援ができることを意味します。深いエンゲージメントを設計するための戦略は以下の8つです。

1. 適応型パーソナライゼーション

　AIに継続的に学習させて、個々のユーザーの嗜好に対する理解を深めます。たとえば、ニュースアプリはユーザーからの明示的な入力と行動データの両方をもとに、記事の提案を進化させています。

2. 進捗追跡とフィードバック

　リアルタイムのダッシュボードや通知を実装して、ユーザーの進捗状況やAIの学習過程を可視化します。たとえば、「プロダクトを使えば使うほど、あなたのニーズにさらに適応できるように学習していきます！」といったメッセージを伝えることです。

3. 成果を重視した指標

　ユーザーの行動から得た洞察に基づいて、ユーザーが実行しやすいことを提案します。たとえば、フィットネスAIアプリは「過去10回のトレーニングから、この新しいプログラムを6週間続けると体重の5%減を達成できるでしょう」と伝えます。

4. 継続的な価値の提示

　ユーザーがプロダクトを使用して得た具体的なメリットをつねに示し続けます。Grammarlyは、ユーザーの文章がどのように改善されるかを明示し、読みやすさのスコアを定量化、修正前後のテキストを直接比較し、ユーザー体験の満足度を高めています。

5. コンテキストに応じたアップセル

　ユーザーに対するAIの理解を活用して、タイムリーに追加機能やサービスを提供します。たとえば、投資支援AIアプリではユーザーが基本機能を継続的に利用していると検出した後、より高度な投資戦略へと移行を促します。

6. 定期的なチェックイン

　生成AIはつねに進化しているため、定期的にユーザーと確認を取り合えます。たとえば「久しぶりですね！　本日は新機能をご紹介します」といったイメージです。

7. 高度なカスタマイズ

　ユーザーに「AI生成から特定のデータソースを除外しますか？」と質問を投げかけるなど、高度なカスタマイズオプションを提供します。また、AI生成コンテンツの共同編集などのプロ機能も用意します。

8. ゲーミフィケーション

　遊び心と競争意識を上手に取り入れることで、ユーザーはプロダクトを使う機会が増え、長期的にプロダクトに夢中になります。ポイント、バッジ、リーダーボード、チャレンジなどの要素は、人間の本能的な達成感や承認欲求に訴えかけます。ユーザーはゲーミフィケーション要素によって、楽しみを得るだけでなく、プロダクトとのより深いつながりを築きます。

　ゲーミフィケーションを適切に実装できると、コミュニティ精神とソーシャルエンゲージメントが育まれ、ユーザー体験がさらに豊かになります。楽しみ、達成感、コミュニティの融合は、持続可能なエンゲージメントを生み出し、偶発的なユーザーをプロダクト愛好家へ変貌させます。

　これらの要素を綿密に設計できると、新規登録から習慣的な利用へとユーザー体験を進め、ユーザーにとってなくてはならないプロダクトであると感じてもらえるようになります。

ステップ5.「幻覚」への対処と長期的なエンゲージメントの確保

　ユーザーの信頼とプロダクトの長期的な存続のためには、大規模言語モデルが生成してしまう誤った情報や「幻覚」を軽減する必要があります。デザインとデータ活用に配慮して、事実の記事ではなく意見に基づくコンテンツ生成など、幻覚のリスクを最小限に抑えましょう。

　LinkedInで生成AI担当のバイスプレジデントを務めるザビエル・アマトリアイン（Xavier Amatriain。CurAIHealthの共同創設者、Netflixで機械学習アルゴリズムのリーダー、Quoraでエンジニアリング担当バイスプレジデントを歴任。ここに示す以外の情報は次のリンク先を参照。https://amatriain.net/blog/hallucinations）は幻覚リスクを軽減するためのプロダクト設計とデータをあつかう際の実務的なヒントにふれています。幻覚を軽減するためのプロダクト設計のヒントは以下の7つです。

1.編集可能な出力
　ユーザーがAI生成コンテンツを編集できるようにすることで、人間が監視するプロセスを加え、コンテンツの信頼性を向上させます。

2.ユーザーの責任
　生成されたコンテンツの公開については、最終的にユーザーが責任を負うことを明確にします。

3.引用サポート
　情報を共有する前にその内容を検証できるように、引用を提示する機能を用意します。

4.ユーザーオプション

計算コストが高い分より正確な「精密モード」などの設定を提供します。

5.ユーザーフィードバック

ユーザーがコンテンツ内のエラーや幻覚を報告できるフィードバックループを作成します。

6.出力の制約

生成される出力の長さや複雑さに制約を設けます。短く単純な出力は、幻覚を生じにくい傾向にあります。

7.構造化された入出力

自由記述形式ではなく、構造化された記述欄とすると、幻覚のリスクを軽減できます。たとえば、履歴書を生成する場合、学歴、職務経験、スキルなどを事前に入力できる欄を用意するとよいでしょう。

また、継続的な改善のためのデータ活用のポイントは以下の通りです。

1.追跡データベース：幻覚の事例とその再現に必要な情報を記録したログを保存しておきます。これは、生成AIモデルの継続的な改善とテストに役立ちます。
2.データセキュリティ：データ収集やトラッキングにあたっては、関連する法規制を遵守し企業の信頼を守るためにも、プライバシーとセキュリティに最善を尽くします。

生成AIプロダクトを開発する際、ユーザー体験とエンゲージメントを考慮してデザインすることで、ユーザーは生成AIの価値と能力を理

解でき、インタラクションを通じて適切に導かれ、大切にされていると
感じ、その結果、プロダクトの価値が速やかに伝わり、利用の習慣化が
促されるようになります。

第9章

プロダクトを
磨くプロンプト技術

　生成AIのプロンプトは単なる質問や命令ではありません。これまでにない体験への入口です。プロンプトは単なる思いつきだけで書いても満足のいかない結果になります。生成AIの力を最大限に発揮するためには、プロンプトへの深い理解が必要です。ここではその基礎知識と技術について解説します。

9.1　プロンプトを解剖する

　プロンプトを適切に理解するためにプロンプトを要素に分解してみましょう。

役割と個性

プロンプトのトーンと声色は、生成AIとの間で実現したい関係性に合わせてください。温かく背中を押してくれるようなやりとりにするのか、事実と要点だけのドライな表現にしたいのか、役割と個性次第で、ユーザー体験は望ましいものにも、煩わしいものにもなりえます。

指示

指示はプロンプト設計のDNAです。生成AIから最大の価値を引き出すための核心です。

- **方向づけ**：生成AIに何を要求しているのかを明確にします。テキストの要約、分類、質問の回答、コードの作成など、できるだけ具体的にしてください。たとえば、「物語をつくってください」ではなく「幽霊屋敷を舞台にしたサスペンス要素が満載の短編小説をつくってください」というように、より具体的な指示が望ましいです。
- **質問による明確化**：生成AIへの質問に曖昧さがあると、生成AIはユーザーに質問を返して意図を明確にするように求めてきます。たとえば、ユーザーが「レストランのおすすめ」を質問した場合、生成AIは「特定の料理やエリアの選択肢をお探しですか？」と答えるのが望ましいでしょう。これはタスクを絞り込むだけでなく、ユーザーが生成AIの理解力とニーズへの対応力に対する信頼を高めることにもつながります。
- **出典の明記**：生成AIはその主張の裏付けを明示することが重要です。外部コンテンツを引用する場合はつねに出典を明記するように

してください。「XYZ 大学の研究によると……」と記載することで、情報の透明性と信頼性を保つことができます。

- **パーソナライゼーション**：生成 AI がユーザーデータにアクセスできる場合は、プライバシー規範を尊重しながらプロンプトをパーソナライズする必要があります。たとえば、「最近の電気自動車の検索履歴に基づいた、電気自動車技術の最新動向を知りたいですか?」とユーザーに聞くような感触です。

- **形式と構造**：生成 AI への指示は答えの構造も伝えるとより効果的です。箇条書きのリストにするのか、段落に分けた文章にするのか。あるいは、導入文を入れてから本論に踏み込むのか、いきなり要点に入るのか。形式と構造を指定することで、ニーズに合わせてより正確な出力となります。

- **文脈依存的な適応**：生成 AI がユーザーの文脈を理解している場合（たとえば医療現場で使用されている場合）、指示はよりフォーマルな表現にし、データのあつかい方に注意した方が効果的です。たとえば専門用語の使用を避けたり、医学的アドバイスを提供したりしないように指示するといった要領です。

- **フォールバック**：生成 AI が関連のない回答を出したり、幻覚を起こしたりした場合に備えてください。もしそのようなふるまいをしそうであれば、デフォルトで返すべき返答（たとえばその質問に答える情報が不足しています、など）と適切なエラー処理を用意しておくとよいでしょう。

- **制約**：明確な制約は、生成 AI の「立ち入り禁止区域」として機能します。差別的で偏った不適切なコンテンツを生成しないという明確な倫理指針を定義してください。エンゲージメントの制限も設定しましょう。時には、制限して範囲を狭める方が結果がよくなることもあります。

　また生成 AI が関わるべきではないタイミングを明示してください。

たとえば、ユーザーが医療や法律相談を求めている場合、生成 AI はその依頼を断り、専門家への相談をすすめるようにプログラムされていなければなりません。過度のユーザーエンゲージメントを避けるために、生成 AI が会話の中でやりとりできる回数に制限を設けることも検討してください。

9.2　プロンプトの実例とテクニック

プロンプト設計においてもうひとつの効果的な戦略は、生成AIに望む動作の例（ショットともよばれる）を示すことです。以下に、プロンプト技術のバリエーションを紹介します。

ゼロショットプロンプト

初めて誰かに会うことを想像してください。相手のことを何も知らず、相手もあなたのことを何も知りません。ゼロショットプロンプトはこれに似ています。生成AIを導くための文脈や例は一切提供されず、手元のプロンプトだけで質問を理解して回答を生成します。使用する主なタイミングは以下の通りです。

- 簡単な一度限りの質問をするとき
- 一般知識に関する質問をするとき
- バイアスがなく、誘導がない回答を求めているとき

> プロンプト：フランスの首都はどこですか？

生成AIはおそらく、追加の文脈を必要とせずに「パリ」と答えるでしょう。

シングルショットプロンプト

シングルショットプロンプトは求めている出力に近づけるために、特定の方向に生成AIを導く例や追加情報を提供する方法です。使用する主なタイミングは以下の通りです。

- 単純な答え以上の説明を求めるとき
- 指導してくれるスタイルまたはチュートリアルスタイルの出力にしたいとき
- 応答のトーンやスタイルを設定したいとき

> プロンプト：以下の英文をフランス語に翻訳してください。「The sky is blue.」

この単一のプロンプトにより、生成AIは英文からフランス語への翻訳を求められていると理解します。

フューショットプロンプト

フューショットプロンプトは、生成AIとの短いトレーニングセッションをもつようなものです。生成AIにして欲しいタスクをトレーニングするために複数の例を提供します。各例は、生成AIが何を求められているかがわかるように示します。使用する主なタイミングは以下の通りです。

- 特定のドメインに特化した質問をしたいとき
- 複数のステップを要する複雑なタスクをしてもらいたいとき
- 出力で特定の形式や構造を強制したいとき

プロンプト：
1. 以下の英文をフランス語に翻訳してください。「The sky is blue.」
2. 以下の英文をフランス語に翻訳してください。「The cat is cute.」
3. 以下の英文をフランス語に翻訳してください。「I love ice cream.」
……

　生成AIは、英文からフランス語への翻訳を求められていることを理解し、そのパターンでタスクを続行します。

思考の連鎖

　例を与えることではなく、生成AIのパフォーマンスを向上させ、幻覚を減らす効果的なプロンプト技術もあります。思考の連鎖では、質問をするだけでなく、対話に参加します。一連のプロンプトを使用して、より詳細でニュアンスに富んだ応答につながるようにします。使用する主なタイミングは以下の通りです。

- 複数のステップを要する問題や複雑な質問したいとき
- トピックをより深く掘り下げたいとき
- 論理的な思考の流れで生成 AI を案内したいとき

　Googleの研究者によるオリジナルの論文「Chain-of-Thought Prompting Elicits Reasoning in Large Language Models」にこの例が紹

介されているので、興味のある方は参照してください[137]。続いて、プロンプトの出力を調整するためのパラメータも紹介します。

パラメータ[138]

温度

回答のランダム性を管理する指標です。この値が低いとより焦点が絞られた予測可能な応答が生成され、値が高いと予測不能でより創造的な応答を生成します。

Top P

GPTの出力がどれだけ予測可能かを制御するもうひとつのパラメータです。生成AIが文章を生成する際、単語のリストをまずつくります。そのリストの長さを決めるのがTop Pです。そこから選択するランダム性をコントロールするのが上記の温度です。Top Pの値が低いほど、出力はより確度の高いものになります。

最大長／トークン

応答の長さを制限します。GPT-3.5では、最大で2,048トークンまたは約1,500語が許可されています。

9.3 検索と生成を融合したRAGとは何か？

情報検索と生成を融合した革新的な技術であるRAG（Retrieval Augmented Generation）は物語を紡ぐだけでなく、それを豊かに彩るために

必要な情報を的確に引き出すことができる師匠のような存在です。専門用語でいえば、RAGは大規模な情報データベースを活用して大規模言語モデルが生成するコンテンツの質を向上させます。RAGはいわば大規模言語モデルに検索エンジンを搭載し、事実、数値、テキストなどのデータベースから情報を引き出してコンテンツの品質を高めているのです。

検索エンジンの深さと生成モデルの創造性を組み合わせることで、RAGはより詳細でニュアンスに富んだ応答を生み出します。起業家やプロダクトマネージャーにとって、RAGが重要なのは以下の理由からです。

- **プロダクトアーキテクチャの簡素化とコスト削減**：RAG は大規模言語モデルに外部データベースから必要な情報を取得させることができるため、プロダクトアーキテクチャを簡素化し、開発・運用コストを削減します。
- **高精度なコンテンツ生成**：RAG は検索と生成の両方の能力を備えているため、より正確で詳細なコンテンツ生成を実現可能です。
- **パーソナライゼーション**：ユーザー固有のデータを検索対象に加えることで、個々のユーザーに最適化されたコンテンツ生成が可能です。

プロンプトエンジニアリングの高度な手法やツールキットについてより詳しく知りたい方は、こちら（https://amatriain.net/blog/prompt201）のウェブサイトを参照してください。

事例 ▶ **ChatGPTのカスタム指示**

ChatGPTの長くて繰り返しが多く謝罪ばかりの返事にうんざりしていませんか？　カスタム指示機能でよりパーソナライズされた役立つ回答を手に入れましょう。ChatGPTのカスタム指示機能を使えば、毎

回同じことを繰り返す必要がなくなり、より自分好みのやり方でやりとりできるようになります。22か国からのユーザーフィードバックをもとに開発されたこの機能は、個々のユーザーのニーズや多様な状況に柔軟に対応できるようにモデルの操作性を向上させています。

　カスタム指示機能は2023年7月20日にリリースされ、現在この機能を利用するにはChatGPT Plusメンバーである必要があります。Plusアカウントをおもちの方は、ご自身の名前の部分をクリックし、「Customize ChatGPT」を選択することで簡単に機能を有効にすることができます[139]。以下は、Reddit[140]とTwitter（現X）[141]から収集された、ChatGPTのカスタム指示に含める最善の方法です[142]。

- 論理的な思考プロセス：情報を明確かつ簡潔で整理された形で提示し、回答が論理的に構成されているかを確認してもらいます。
- URL付きのソースの引用：回答を裏付ける信頼できる情報源を提供し、参照しやすいように回答の最後にURLを含めてもらいます。
- 積極的なソリューション提供：仮にユーザーから要求されていなくても、関連性が高く有益な解決策を提案してもらいます。
- 正確さと徹底的な分析：提供する情報が正確でよく考えられており、信頼性がある状態を維持するためにエラーを最小限に抑えるようにしてもらいます。
- 安全上の配慮：回答の文脈上すぐに明らかにできない、わからない場合は、その旨を回答に含めてもらいます。
- 専門家としての回答：特定業界の専門家であることを想定し、関連分野に関する情報に基づいた洞察力を提供して、各質問に専門家としての水準で取り組むようにしてもらいます。
- 明確なコミュニケーション：コミュニケーションの明瞭さにこだわってもらいます。質問が不明確な場合は、正確で関連性のある回答を確実に行うために、ユーザーに詳細を尋ねるよう指示します。

9.4 画像生成を左右するパラメータ調整

　魅力的で効果的な画像生成を行うには、単にプロンプトを入力するだけでなく、利用可能なパラメータを理解し、活用する必要があります。ここでは、画像プロンプト生成時に検討すべきパラメータについて説明します。

　すぐに始めたい方は、PromptFolderなどのプロンプトヘルパーツールを利用してみてください[143]。多くの画像生成ツールが存在し、似たようなプロンプトで使用できます。以下は、主要なパラメータの概要です。

アスペクト比

　生成される画像の縦横比を指定します。プラットフォームやメディアに合わせて画像のサイズを調整するのに役立ちます。

バージョン

　選択した生成AIのバージョンは結果に大きく影響します。Midjourneyにはそれぞれ独自の機能や改良が施されているため、目的に合ったバージョンを選択しましょう。

品質

　品質設定は「低い」から「高い」まであります。設定値が高いほど、より詳細な画像が生成されますが、計算リソースも消費されます。

スタイル調整

　テキストプロンプトの「温度」と同様に、低い値を設定するとプロン

プトに忠実な画像になりますが、芸術性はやや低下します。逆に値を高くすると芸術性が高まりますが、プロンプトとの関連性が薄くなります。

カオス

カオス値を追加すると、生成プロセスにランダム性が導入され、より独創的な結果が得られます。

停止

ぼかし効果のある画像や、あまり詳細でない画像を求めている場合は、途中で生成ジョブを停止できます。抽象的なイメージや印象派風の画像を作成するのに便利です。

繰り返し

プロンプトを複数回実行すると、同じテーマのバリエーションが生成され、選択肢が広がります。

奇妙さ

奇抜で予想外の要素が画像に取り込まれ、個性的な作品になります。

タイル

継ぎ目のないパターンを生成できます。布地、壁紙、テキスタイルの質感表現にとくに便利です。

シード

再現可能な画像の生成、他のパラメータの試行錯誤、プロンプトのバリエーションの比較などが容易になります。お気に入りの料理のレシピを保存するようなイメージです。

除外

生成画像から特定の要素や特徴を除外することで、最終的な結果をより細かくコントロールできます。

スタイル

漫画、コンセプトアート、デューンなどのプリセットスタイルを選択して、画像に独特な外観と雰囲気をもたせることができます。

照明

微妙な朝の光からドラマチックなスポットライトまで、画像に奥行きとリアリティを加えます。

カメラ

360度パノラマや顕微鏡など、画像の視点と解像度を変更でき、多様な視覚体験を提供します。

アーティスト

特定のアーティストの作品を模倣するように、署名付きの特定の芸術スタイルを適用できます。

色

画像のムードを決定します。鮮やかな色調にするか、落ち着いた色調にするかを調整できます。

マテリアル

アルミニウムやレンガなどの素材リストから選択し、画像に異なる質感や物理特性をもたせることができます。

インスピレーション画像のアップロード

　言葉だけでは説明できない場合、インスピレーション画像をアップロードすると、イメージに近いものを生成するのに役立ちます。

　これらのパラメータを調整することで、より視覚的に豊かな体験をつくり上げることができます。こうした設定を駆使することで、生成AIプロダクトを試験版から芸術作品へと高められるでしょう。

　実際にMidjourneyによる生成画像を紹介します（**図9-1**、**図9-2**）。以下のそれぞれのプロンプトには次のような順序で記述しています（アスペクト比は3：2、バージョン5.2）。「年号、ジャンル、ショットタイプ、被写体、アクション、感情、場所、カメラタイプ、モーションタイプ、スタイル」。

> プロンプト1：
> 1980年、コメディ、ミディアムショット、自然光、ローマの通りで喜びに満ちた若いカップルが踊っている様子を、ファントムハイスピードカメラでキャプチャ、ダイナミックなアクション、ダイナミックな動き、モーションブラー、ウディ・アレンの映画スタイルで表現します。

図9-1　プロンプト1による生成画像

プロンプト2：

2050年、SF、ロングショット、ドラマ照明、ローマの通りで喜び
に満ちた老夫婦が踊っている様子を、キヤノンEOS-1D X Mark IIで
キャプチャ、ダイナミックなアクション、ダイナミックな動き、モー
ションブラー、ジェームズ・キャメロンの映画スタイルで表現しま
す。

図9-2 プロンプト2による生成画像

　生成AIプロダクトの開発初期にとくに大きな影響を与えるのがプロ
ンプトの調整であることが、多くのプロダクトチームによって明らかに
なってきました。これらのテクニックは単に学ぶだけでなく、実際に試
してみることを強くおすすめします。

　実世界のデータを用いた経験に勝るものはありません。魅力的な体験
を生み出す鍵は、何を質問するかだけではなく、どのように質問するか
にあります。

第10章

AI倫理の指針

10.1　AIの倫理が問われた出来事

　2023年4月、Snapchatはユーザー間の交流に仲間意識を添えることを目的とした「My AI」を導入しました[144]。OpenAIのGPT技術を搭載したMy AIは、人間らしくフレンドリーな対応でメッセージのやりとりができることを想定していました。しかし、ユーザーは不快感を抱きました。

　ユーザーたちはまず、チャットフィードの上部に固定されたMy AIに気がつきました。まるで実際の友人関係を無視するかのように、しつこくMy AIが居座っていたのです。ユーザーからの強烈な反発は瞬く間に世界中に広がりました。あるTikTokユーザーは「私のSnapchatのAIは、私の親友より上にピン留めされる権利があると思っている」と、多くのユーザーが感じている思いを代弁しました。

　この不快感は、AIの存在感の押し付けだけにとどまりませんでした。

My AIは、長年収集された個人データを活用して、気味が悪いほど理解力のあるやりとりをしてきました。ユーザーが残してきた個人情報・履歴を使っていたため妙にリアルな受け応えだったのです。この失敗は、単にユーザーの反発を招いただけではなく、AI活用の倫理的な観点についての数多くの疑問を世界に問い、テクノロジー業界全体に大きな波紋を広げました[145]。

「My AI事件」は、AIプロダクトが革新性とユーザーへの干渉のバランスが取りづらいことを示し、信頼できる生成AIを作成するためのフレームワークの必要性を浮き彫りにしました。また、この一件はAIをソーシャルな場に導入する際の、プロダクト開発側の責任を改めて認識させるものでした。倫理的な生成AIプロダクトマネジメントのための指針やフレームワークを検討しなければならない時代となっています。

10.2 7つのAI倫理の柱

生成AIの開発を進める前に、本書の第5章で述べた生成AIに伴う多くの課題、限界、影響について再考してみましょう。さらに今後AI開発の指針となる、7つのAI倫理の柱についても理解を深めましょう。

7つのAI倫理の柱は、AIシステムが公平で透明性を保ち、インクルーシブに構築・導入させるためのフレームワークで実現します。AIが社会と私たちの日常生活に与える大きな影響を考慮することは不可欠です。

責任あるAI導入と監視を確実にするための7つの倫理の柱を紹介します。

1. プライバシー

　AIの世界におけるプライバシーとは、個人情報が収集・保管される際、誰がその情報にアクセスでき、どのように公開されるのかを個人が管理・制限する権利のことです。AIのトレーニングに使用される個人情報が匿名化され、安全にあつかわれることが重要です。

　例：Appleはユーザーのプライバシーを重視する企業のひとつです。同社の「ディファレンシャルプライバシー技術」は、ユーザーデータから有用な情報を収集しつつ、個人のプライバシーを保護し、AIの学習が個人情報を侵害しないようにしています[146]。

2. セキュリティ

　セキュリティとは、AIシステムを外部からの脅威や不正アクセスから保護し、ユーザーの安全を確保することです。ユーザーの信頼を維持し、AIプロダクトの長期的な運用を保証するために不可欠です。

　例：OpenAIはAIシステム「報酬ハッキング」やその他の悪意ある利用を防ぐために、専用のセキュリティチームを結成し、より安全なシステム構築に取り組んでいます[147]。

3. 安全性

　安全性とは、AIシステムが意図した通りに動作し、ユーザーや社会に危害を加えることがないこと、万一の場合でも安全装置が機能することを指します。

例：GoogleはAI開発における第一の目標に「社会的に有益であること」
　　を掲げており、傘下のDeepMindは人工汎用知能（AGI）の安全
　　性を確保し、その利益を世界中に配分することを目指す専用の
　　AI安全を研究するプログラムをもっています[148]。

4. 偏見を取り除く

　AIシステムは多くの場合、膨大なデータに基づいて構築されていま
すが、現実世界のデータは無意識のうちにバイアスを含んでいる可能性
があります。バイアスのあるデータは、AIモデルが既存の格差を固定
化または拡大させ、ユーザーに対して偏った、場合によっては有害な判
断を下させてしまうおそれがあります。

　社会に対してよりインクルーシブで公正な立場でいるために、AIシ
ステム中のデータのバイアスを特定し、軽減し、克服するための方法と
技術を取り入れることが不可欠です。

5. 公平性

　公平性とは、AIシステムが人種、性別、年齢などの特定の属性に関
係なく公平な結果を生み出すことを意味します。これには、AIによる
意思決定におけるバイアス回避だけでなく、AI技術への平等なアクセ
スも含まれます。

　　例：Googleの「What-If Tool」[149]は、AIの公平性をテストするツー
　　　　ルとして設計されています。開発者は性別や人種などの要素を調
　　　　整したときの影響を可視化し、アルゴリズムのパフォーマンスへ
　　　　の変化を確認して、潜在的なバイアスを軽減することができます。

6. 包括性 (インクルージョン)

　包括性とは、可能な限り多様な人々がアクセス・利用できるAIプロダクトを開発することを指します。倫理的なAI開発を実現するためには、多様性と包括性に富んだAI人材が不可欠です。

　さまざまなバックグラウンドをもつ人々の参加を促すことは、創造性と革新性を育むだけでなく、AI技術の倫理的、社会的、文化的影響に対する幅広い理解を促します。このようなAI人材のエコシステムを育むことは、多様な人々のニーズに真に合った責任あるAIプロダクト開発と導入を確実にするための重要なステップです。

　　例：Microsoftの「AI for Accessibility」イニシアチブは、AIを活用して障がいのある人々を支援するソリューションを構築する組織を支援し、AIの包括性を確保しています[150]。

7. 説明責任

　企業は自社のAIプロダクトに対して倫理的な懸念に対処するだけでなく、ガバナンス構造を確立する責任も負っています。AI開発における説明責任をもつことで、個人やチームがAI関連の意思決定の結果に対して責任を負うようにし、倫理的な行動と最適解の遵守を促します。このガバナンスには、潜在的な倫理違反がないかAIシステムを定期的に監視したり、場合によっては適切な介入が行われます。

　　例：学界、市民団体、業界、メディア組織（Apple、Amazon、BBC、国連開発計画（UNDP）など）が加盟する「Partnership on AI」コンソーシアム[151]は、AI技術に関するベストプラクティスの策定、AIに対する市民の理解の促進、AIの説明責任を果たすこ

とに取り組んでいます。民主的なAIガバナンス[152]に関する実験に資金を提供するため、OpenAIは10万ドルの助成金を10回提供しています。実験の目的は、市民にAIシステムの倫理的・行動規範の設定に参画してもらうことです。

事例 ▶ **ChatGPTのレビューガイドラインを使用したAI倫理の構築**

OpenAIのChatGPTにおける AI倫理の例を見てみましょう。ChatGPTはユーザーとやりとりする際に、動作ガイドラインに従ってユーザーと会話をするように設計されています。ガイドラインは、論争をよぶ「文化戦争」のようなトピックや虚偽の前提など、複雑なシナリオを紐解くための倫理的な羅針盤となります。たとえば、ユーザーが化石燃料の使用のメリットについて尋ねると、AIは偏ったスタンスを取るのではなく、複数の視点を提示しさまざまな立場に基づいた議論を奨励します。

また、ガイドラインは有害なコンテンツに対する安全装置としても機能します。ヘイトスピーチ、暴力、嫌がらせの助長を明示的に禁止しています。これにより、AIが有害な行動や思想をもつことも、増幅させることもできないように、道徳的なフィルターとして機能します。

さらに、AIは巧妙に誤情報を訂正するようにトレーニングされています。もしユーザーが「バラク・オバマ (Barack Obama) はいつ亡くなったのですか?」と誤った質問をした場合、ChatGPTは「バラク・オバマは2021年末時点で存命でしたが、最新の情報にはアクセスできません」と回答し、ユーザーを不快にさせることなく事実関係を明らかにします。AIプロダクト開発に倫理的な観点を組み込み、極力偏りの少ない責任ある会話を実現しています[153]。

急速に進化するAI技術がもたらす倫理的な課題への対処は気が遠くなるかもしれませんが、それはプロダクトの成長機会でもあります。これらの懸念に率直に向き合い倫理ガイドラインを遵守することで、生成AIの力を責任をもって活用する道を切り開くことができるでしょう。

　ここまで、倫理的リスクとプライバシー影響評価、包括的な設計レビュー、利害関係者との協議など、倫理的仮説を検証するための一般的な方法を紹介しました。戦術的には、クロスファンクショナルな利害関係者との相談と、レッドチーミング（次節参照）によりさまざまな有害シナリオの可能性についてストレステストを行うのがもっとも効果的な戦略です。

事例　Instacartが「Ask Instacart」を構築した方法

図10-1 Ask InstacartはAIを活用した革新的な検索ツールであり、責任ある生成AIプロダクトマネジメントにおけるコラボレーションの重要性を示しています

　Instacartのプロダクトチームは、Ask Instacartをどのように活用すれば、顧客の食料や雑貨に関する質問への回答、時間の節約、買い物

ルーティンの喚起、食関連の意思決定を支援できるかを検討しました。そして、迅速なプロトタイプ構築と検証を行うため、MVPを開発・リリースしました（図10-1）。

責任ある開発を行うためInstacartのプロダクトチームは、Ask Instacartがどのように悪用される可能性があるかを検討しました。検討には、法務部と広報部も参加し、潜在的な問題点に対する各自の視点と、小売業者や広告主からのリスク予測を行いました。

継続的な改善の一環として、Instacartはユーザーからのフィードバックシステムを実装する予定です。これにより、ユーザーは検索結果の報告やフィードバックを提供でき、当初見落としていた問題点の発見と、生成AI体験の向上に役立てるとしています。

10.3 レッドチーミングで落とし穴を見つける

レッドチーミング（実際のサイバー攻撃者と同様の手法を用いて行うセキュリティ演習）は、言語モデルの導入における堅牢性と責任を保証する役割を担っています。統計的な評価指標を補完し、とくに実世界のシナリオにおいて、人間中心のものの見方で生成AIを評価します。生成AIの先駆者であるザビエル・アマトリアインは、次の8つの観点を示しています。

1. 補完であり代替ではない

レッドチーミングは言語モデルのリスクの測定・評価を補完するもので、代替手段ではありません。評価の幅を広げることが目的であり、他のテスト方法を無効にするものではありません。

2. 実環境でのテスト

実稼働環境でテストを行い、実際の運用条件下での生成AIの動作をリアルに把握します。

3. 危害とガイドラインの定義

評価の基準がそろうように、潜在的な危害を明確に示したガイドラインを作成し、テストの目的に対する共通理解を確保します。

4. 重点領域の優先順位づけ

重点機能、潜在的な危害、具体的シナリオを特定し、レッドチーミングによるテストから、生成AIの改善に役立つ洞察を得られるようにします。

5. 多様なテスタープール

専門知識、文化背景、視点が異なる多彩なテスターを巻き込み、包括的な評価を行います。

6. ドキュメント化の基準設定

記録するデータや調査結果の種類を決定します。明確なドキュメント化は、評価プロセスをわかりやすくするためにも必須です。

7. テスターの時間とウェルビーイングの管理

各テスターに適切な時間を割り当て、燃え尽き症候群の可能性に配慮し、レッドチーミングにおける持続的な創造性と有効性を確保します。

8. 新しいレッドチーミングの試み

別の言語モデルを使って対象モデルをテストするなど、DeepMindの「Red Teaming Language Models with Language Models」[154] のようなアプローチを採用します。

　これらのノウハウをレッドチーミングに織り込むことで、AIプロダクトが織りなす微妙なニュアンスや潜在的な落とし穴を発見できます。こうした基盤がより責任あるAIプロダクト開発に近づく原動力となるのです[155]。

第11章

ビジネスモデルとPMFへの道筋

11.1　BtoCとBtoBでは何が異なるのか?

　生成AIプロダクトのビジネスモデルを考える際、ビジネス向けプロダクト（BtoB）か消費者向けプロダクト（BtoC）のどちらを選ぶかで、収益の上げ方はかなり異なります。しかし現代のプロダクトは、BtoCプロダクトとBtoBプロダクトの境界線が曖昧になり、BtoBプロダクトは従来よりも一層ユーザーフレンドリーになり、あたかもBtoCプロダクトのようになってきています。しかし生成AIプロダクトを開発する際に、BtoBとBtoCの違いを認識することは依然として重要です。それぞれのユーザーの根本的な動機や目的は大きく異なる場合があり、これらの視点の違いを理解することは、生成AIプロダクトを成功させるために不可欠です。

使用目的の違い

BtoCとBtoBのAIプロダクトの重要な違いは、プロダクトを使用する目的です。BtoCプロダクトでは、AI機能はパーソナライズされたユーザー体験の構築、時間の節約、エンターテインメントの提供などに用いられます。たとえば、SpotifyやNetflixのレコメンドエンジンは、個々のユーザーの好みや習慣に合わせたコンテンツの収集が目的です。結果として、シームレスで魅力的で楽しいユーザー体験がコアバリューになります。

一方、BtoBプロダクトでは、主に効率性向上、データに基づく意思決定の改善、そして生産性と収益性の向上を達成することが目的です。そのため組織のワークフローを変えていくことに焦点を当てています。よりよい意思決定の実現やプロセスの効率化を通じて、ビジネスの成長に貢献できることがコアバリューとなります。

ユーザーの役割の違い

BtoCとBtoBのAIプロダクトのもうひとつの重要な違いは、意思決定プロセスにおけるユーザーの役割です。BtoCプロダクトでは、ユーザーはAI搭載アプリケーションと個別にやりとりすることが多く、ユーザーが自分の意思で決められる余地は比較的限られていて単純です。ユーザーは費用対効果や、プロダクトを使うことによる自分の職業への長期的な影響についてとくに心配することはありません。

しかしBtoBプロダクトでは、ユーザーはチームや組織の一員であり、プロダクトの導入、実装、意思決定が組織にどのように影響するかについて見通しを立てる必要があります。そのため、複雑な意思決定プロセ

スと購買プロセスを考慮し、ユーザーのワークフローへのシームレスな導入を実現することが求められます。

ユーザー心理とニーズの違い

　ユーザーの心理と固有のニーズを細かく理解する必要もあります。BtoCプロダクトは、ユーザーのロイヤルティとエンゲージメントを生み出すような感情を引き出すことが不可欠です。たとえば、パーソナライズされた体験の提供を目指す自動運転サービスの場合、カスタマイズされた車内エンターテインメント、厳選されたショッピング体験、またはオーダーメイドの旅行プランなどの要素を取り入れることが考えられます。

　BtoBプロダクトは、組織の機能面に適合しつつ、同時にわかりやすさ、使いやすさ、タスクを効果的に終わらせられる有効性を優先させる必要があります。たとえば、AI搭載のサプライチェーン予測システムは、供給フローの効率を向上させ、在庫コストを削減し、実行可能なインサイトを提供できなければ、ユーザーはプロダクトを信頼してくれないでしょう。

倫理的な配慮事項の違い

　倫理的で公平なAIプロダクトを設計するには、公平性、説明責任、透明性の原則が不可欠です。これらの倫理的配慮はBtoCとBtoBにかかわらず必要ですが、プロダクトが置かれる立ち位置によって優先すべき事項が異なります。

　BtoCプロダクトでは、ユーザーのプライバシー、データの使用、ユーザーからの許可の管理に関する懸念が最優先事項であるのに対し、

BtoBプロダクトでは、AIソリューションが組織のポリシーを遵守し、潜在的なバイアスを最小限に抑え、業界特有の規制に準拠することが求められます。

BtoCとBtoBの生成AIプロダクトの区別を検討する中で、プロダクトの成功を定義するのはエンドユーザーだけではないことがわかります。組織全体および社会的観点での利害関係者間の相互作用がそのプロダクトの価値を決定するのです。

11.2　BtoCとBtoBの12の特徴を比較する

BtoCとBtoBの生成AIプロダクトの特徴を12の観点で比較しました（**図11-1**）。生成AIプロダクトは、ひとつの型ですべてのユースケース、すべてのユーザーに対応できるようにはできていません。

ユーザーのニーズや期待が移り変わる中で、つねにユーザー中心に考え、ユーザーが直面している課題や求めているものを理解し続ける姿勢は、AIのあるなしにかかわらず欠かせません。

11.3　MVPからPMFまでの道筋

一度MVPを市場に出すと、直近の目標はPMF（プロダクトマーケットフィット）を見つけることになります。では、どうやってそこにたどり着くのでしょうか？

比較軸	BtoC生成AIプロダクト	BtoB生成AIプロダクト
主たるユーザー	個人消費者	企業、団体やビジネスプロフェッショナル
価値	パーソナライゼーションや利便性、エンターテイメント性	作業効率や生産性、データドリブンな洞察
意思決定プロセス	シンプルで直感的であり、Appストアやオンライン経由で入手する	複雑なセールスサイクルや交渉が必要となる
データ	プロダクトの価値を成り立たせるために広範なユーザー基盤から得られるデータが必要	業界に特化したデータや、顧客のデータベースが必要
UX	わかりやすく、パーソナライゼーションが効いていて、継続して使う仕掛けが随所にある	わかりやすいだけでなく、機能性、効率性、信頼性や顧客の他のシステムとの統合のしやすさがポイントとなる
価格モデル	フリーミアム、サブスクリプション、一度限りの購入	サブスクリプション、ライセンス、カスタム価格
カスタマイゼーション	より多くのユーザーに使ってもらうため、カスタマイゼーションは最小限	特定のビジネスニーズに応えるため、カスタマイゼーションが可能であることが多い
拡張性	マスマーケットとより多くのユーザー基盤をサポートできる	ニッチ市場で数は少ないが、高価格でも使ってくれる顧客をサポートできる
サポートとトレーニング	オンラインヘルプセンターやコミュニティによるサポート、チャットボット	専用サポートやトレーニング、アカウントマネジメント
フィードバック収集	ユーザーレビューやインタビュー、ソーシャルメディアから収集	顧客とのミーティングやパイロットプログラムを通じたよりフォーマルな方法で収集
プライバシーとセキュリティ	ユーザーのプライバシー、データ利用、および同意管理に関する消費者データ保護法の準拠	より高いレベルのセキュリティとコンプライアンス、組織のポリシー、および業界固有の規制が必要
インテグレーション	通常独自プロダクトとして運営し、一部サードパーティーとの統合もある	既存のシステムと統合が必要となるケースが多い

図11-1 BtoC生成AIプロダクトとBtoB生成AIプロダクトのそれぞれの特徴

PMFとは何か?

　プロダクトマネジメントの世界的インフルエンサーであるレニー・ラチツキー（Lenny Rachitsky）は、PMFは以下の3つの要素をすべて備えていると定義しています（**図11-2**）。

1. 人々が本当に求めているプロダクトをつくることができる
2. プロダクトを多くの人々に届けることで利益を上げられる
3. 持続可能な方法で人材を確保・維持することができる

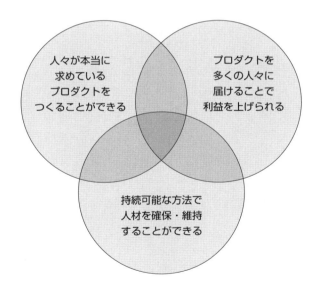

図11-2　PMFを達成するための3つの要素（出典：Lenny's Newsletter [156]）

この3つの条件が重なる中心部分こそが、理想的なPMFの状態を表しています。プロダクトがユーザーニーズに合致し、収益化でき、さらに事業を支える組織体制も整っている。そういった理想的なプロダクトとビジネスモデルが実現できていることを意味します。

PMFの達成は、スタートアップや新規事業が成長を遂げるための重要な通過点とされています。**図11-2**を意識しながら、自社のプロダクトや事業がPMFを満たせているかを検証しましょう。

11.4　PMFの3つの誤解

PMFに関する一般的な誤解のひとつは、「うまくいった！」という瞬間が突如として現れるというものです。ユーザーが感じる「ああ、なるほど！」という瞬間は確かに訪れますが、PMFはたいてい「つくって──計測して──学ぶ」の繰り返しを通じて時間の経過とともに明らかになってくるものです。それは「ビッグバン」の啓示ではなく、フィードバック、学習、市場の反応に基づく反復によって徐々に見えてきます。

PMFへの挑戦は、持続的かつ差別化された価値を提供しようとし続けるプロセスです。続けることで市場の期待やニーズがますます明確になり、プロダクトを調整する方向性が見え、その先にPMFがある、ということです。

ふたつ目の誤解は、PMFを達成したときは明確にわかるというものです。しかし現実はPMFとは積み重ねを通じて自信を高めることに他なりません。それはサイエンスよりもアート的な側面があり、市場がどのくらいプロダクトを受け入れてくれるかに依存します。

PMFを見つけることは、数々のトップ企業が示すように時間のかかることです。たとえば、Canvaは1年、Airbnbは2年、Notionは3年、そ

してSlack、Miro、Figmaは4年以上かかりました[157]。これはPMFが一夜にして起こるものではなく、断続的な反復、学習、時間の結果であることを示しています。

PMFを追求する際のもうひとつの誤解は、最初に市場に参入することがPMFを見つける秘訣であるというものです。しかし現実を見ると、最初に市場に参入した企業が必ずしもPMFを達成しているわけではありません。

アンディ・ラフレフ（Andy Rachleff）の「勝者とは何度も何度も犬たちが食べたい食べ物を最初に提供する、最初の会社のことです」[158]という言葉が、それを的確に表しています。市場が本当に欲しいものをインパクトをもって提供できる企業が、結局は勝者になります。

Facebookはソーシャルメディアの世界で一番乗りではありませんでしたが、PMFを見つけて提供する能力が競合他社とは一線を画していました。市場の一番乗りであることは時には不利になることさえあります。それはすでにある価値観で判断できるものがなく、未知の領域や課題に取り組むことの難しさゆえです。

しかし、Facebookは「ユーザーに共有する力を与え、世界をよりオープンでつながりのあるものにする」というビジョンのもとにプロダクトの価値を磨き上げました。ユーザーが使ったら忘れられない水準での体験を提供して、上述の課題を乗り越えることができました。彼らのアプローチは単に説得力があるだけでなく、ソーシャルネットワーキング領域の可能性を塗り替えました。

この独自の価値提案は、成長のための戦略とネットワーク効果から利益を得るビジネスモデルとが組み合わさり、Facebookが顧客を喜ばせるだけでなく、競争優位性を築き上げることにつながりました。市場への先駆けではなく、最初にPMFを達成することこそが、真の市場リーダーになるということなのです。

11.5 PMFへの到達度を測る5つのサイン

　PMFへの道のりは必ずしも一直線でもなければ平坦でもないため、市場投入前と市場投入後の重要な兆候を把握しておくことで、PMFに到達したかどうかを推し量れます。

　市場投入前の重要な兆候は、潜在的なユーザーがプロダクトのアイデアを聞いたときに見せてくれる反応の度合いです。単なる肯定的な反応だけではなく、目に見える興奮、熱心な期待、まだ存在しないプロダクトであっても喜んで支払う意思を見せてくれることが重要です。このような熱意は強力なリトマス試験紙となります。

　もしこのような反応がなければ、プロダクトがユーザーに共鳴していないか、プレゼン方法が適切でないか、ターゲットユーザーに到達できていない可能性があります。潜在的なユーザーの興奮を引き起こすためにアプローチを修正する必要があるでしょう。

　PMFの強力なテストは、潜在的なユーザーに直接、事前注文をしてもらうように依頼することです。強く惹きつけることができれば人々はお金を支払うからです。プロダクトはまだ利用できないとしても、早くプロダクトを利用したいがために喜んで支払う意思があることは、PMFの有望な指標となります。

　市場投入後については、レニー・ラチツキーがPMF達成のサインとして以下の5点を挙げています[159] [160]。

1. ユーザーエンゲージメント

　高いユーザーエンゲージメントは、PMFのよいサインです。ユーザーがプロダクトとどのくらい頻繁に、どのくらい深く関わっているか、セッション時間、リピート利用率などで測定できます。

2. 顧客満足度

　ネットプロモータースコア(NPS)やアンケート、フィードバックから、ユーザーがプロダクトとその価値をどのように認識しているかについて洞察を得られます。『Hacking Growth　グロースハック完全読本』(日経BP、2018)の共著者であるショーン・エリス（Sean Ellis）が提案するように、40%以上の回答者がプロダクトを使えなくなったら「非常に失望する」と回答したユーザー調査は、PMFの強力なサインとなります。顧客の声や事例研究も質の高い定性的な洞察源となりえます。

3. コンバージョン率と解約率

　無料版から有料版へのユーザーコンバージョンの高さと解約率の低さは、ユーザーがプロダクトに大きな価値を見出している証拠です。とくにスマイルカーブ型またはフラットな解約率曲線などの保持率指標は、顧客が継続的にプロダクトを使用していることを示しています。

4. オーガニック成長

　口コミ紹介を含むオーガニックな成長は、プロダクトがユーザーを喜ばせることができ、ユーザーのニーズを満たしていることを示しています。売上高の半分以上が直接プロダクトにやってくるトラフィック(オーガニックトラフィック）なら、健全なPMFの可能性があります。

5. 収益の流れと収益性

　PMFとは往々にして後からわかることであり、長期的な指標でもありますが、安定した収益の流れと収益性は、プロダクトが市場の要求を持続的に満たしていることを示唆しています。顧客獲得コスト（CAC）が顧客生涯価値（LTV）よりも低い、費用対効果の高い成長は、持続可能なビジネスモデルであることを示しています。

さらに、ユーザーにとっては不完全な体験であってもどうしても欲しいと思うのであれば、それは真のPMFを物語っています。マーク・アンドリーセン（Marc Andreessen）はPMFに関して示唆に富んだ説明をしています。「もし顧客が価値を享受しており、口コミを広めるために最低限のマーケティング予算しか使わず、利用率が急速に伸び、プレスレビューが好調で、営業サイクルが短く、収益が急速に改善しているならば、PMFを達成しているといえる。いい換えると、これらの領域で苦戦しているのであれば、PMFを達成できていない可能性がある」。

事例 ▶ Superhuman：PMF測定のための体系化されたエンジンの構築

　メールの高速処理プロダクトを提供するSuperhumanは、PMFを体系的に定量化・最適化するための5段階のアプローチを取りました。

1. 調査の実施

　ショーン・エリスの主要指標を採用し、ユーザーに「Superhumanを使えなくなったらどう思いますか？」と尋ねました。40%以上の回答者が「非常にがっかりする」というベンチマークを目指しました。

2. 顧客セグメント化

　当初のPMFスコアは22%だったため、高期待顧客（HXCs：High Expectation Customers）に焦点を絞りました。HXCsは多忙なビジネスパーソン、とくにメールに依存度の高い役員、創業者、マネージャーです。これらの「非常にがっかりする」と答えたユーザーだけに焦点を当てることで、PMFスコアは10%上昇しました。Superhumanは「Nicole」という具体的なペルソナを作成しました。Nicoleは仕事熱心で、メール処理でいつも忙しく、効率的で迅速な対応を重視するビジネスパー

ソンです。このような特定のニーズをもつ顧客層に特化したサービス
を提供することでPMFを最適化しました。

3. フィードバック分析

　この絞り込みにより、ユーザーフィードバックを単なるデータから
深く掘り下げられる材料に変えることができました。「速さ」「キーボー
ドショートカット」「受信トレイの整理」などのテーマ別にコメント
を綿密に分類しました。これは、ユーザーが本当に求めているものに
共感し理解しようとする試みでした。

4. 情報に基づいたロードマップ

　次のステップは、これらの知見をプロダクトロードマップに統合す
る、というシンプルでありながらも重要な作業でした。これは表面的
なものではなく、HXCsをターゲットにした抜本的な変更でした。

5. 継続的な追跡

　PMFスコアを主要な目標成果指標（OKR）として、リーンで自動化さ
れた追跡システムを通じてPMFの動向を把握し続けました。

　3四半期で、SuperhumanのPMFスコアは倍増し、58％に達しまし
た。得られた教訓は、PMFの理解と最適化に向けた体系的なアプロー
チは、単発の施策ではなく、継続的なコミットメントであるというこ
とです。このアプローチにより、Superhumanは有望なスタートアッ
プから、ユーザーに単に気に入られるだけでなく愛着をもたれる強力
な企業へと変貌しました[161]。

第12章

プロダクトの成長指標

12.1　ノーススターメトリックとは何か？

　MVPをつくり、ユーザーが使い始めると称賛と批判の声が寄せられるようになります。当然、「次は何をするのか？　成功をどのように定義し、測定するのか？」と考える状況に直面します。プロダクトの開発とイテレーションの厳しい道のりの中で、すべての起業家やプロダクトマネージャー、企業の意思決定者は重要な決断を迫られます。このような局面では、「意思決定を導くべき核となる原則は何か？」と問うことなしに先には進めません。

　その道標となってくれるのは、プロダクトの最終目標、つまり「存在意義」を体現する「ノーススターメトリック（North Star Metric）」です。この指標に沿って継続的に努力すれば、プロダクトにとって真に重要なことにチーム全員が注力できるようになります。

　思想的リーダーのサイモン・シネック（Simon Sinek）がアドバイス

するように、プロダクトづくりにおいてはつねに「Why」から始めることが重要です。「Why」を知ることで、「表面的な施策」ではなく、その背後にある大きな目的に則って意思決定できるようになります。

12.2　ノーススターメトリックの7つの特徴

Amplitudeが発表した「The North Star Playbook」によると、ノーススターメトリックには次の特性があります。

1. 顧客価値を体現する
顧客がプロダクトやサービスから得る利益を反映しています。

2. ビジョンと戦略を表す
戦略的な方向性と会社の全体的なビジョンを具体的に反映します。

3. 将来のパフォーマンスを予測する
単に過去の結果を反映する（つまり後からわかるメトリック、もしくは遅行指標）のではなく、収益が増加するのか減少するのかを知る先行指標であり、プロダクト成功の行く末に貴重な洞察を与えてくれます。

4. 行動を引き起こす
数値の変化がすぐにチームの行動へと反映され、改善につながります。プロダクトチームがノーススターメトリックを向上させるための具体的な行動を取れます。

5. 簡単に理解できる

　組織のさまざまなチームメンバーに理解されるようなわかりやすい言葉で表現されています。

6. 数量化可能である

　プロダクトに組み込まれたトラッキングの仕組みを通して、継続的にユーザーのふるまいを追跡し測定できます。

7. プロダクトの真実を照らし出している

　ノーススターメトリックの変化はプロダクトとビジネスにとって本質的なものであるべきです。指標のよし悪しにチームが一喜一憂するものではなく、長期的なビジネスの成功に向けた進歩を反映するものです。

　さらにAmplitudeは1万1,000社以上の企業を調査し、3つのフィールドを見出しました[162]。

1. 注目フィールド（アテンション）

　ユーザーはどれだけの時間をプロダクトに費やすことを望んでいるか？　利用時間の長さは、プロダクトから得られる価値の指標となりえます。

2. 取引フィールド（トランザクション）

　ユーザーはプロダクト内でどれだけ多くの取引を行うか？　目標は、ユーザーが適切なプロダクトを見つけ、素早く、簡単に、そして自信をもって購入できるように支援することです。

3. 生産性フィールド（プロダクティビティ）

　どれだけ効率的かつ効果的に作業を完了させることができるか？　目

標は、特定のタスクを可能な限りスムーズに完了できるよう支援することです。

それでは、ノーススターメトリックの実例を見てみましょう（**図12-1**）。たとえば、Uberの企業ミッションは「どこでも、誰にとっても、水道のように信頼できる輸送を提供すること」です。これが、同社のノーススターメトリックを「最小の時間で移動を実現できた乗車回数」とするきっかけとなりました。

企業名	カテゴリー	ノーススターメトリック（一部例示あり）	ビジネスタイプ
Spotify	SaaS、音楽配信	サブスク会員によるアプリ滞在時間	アテンション
Netflix	SaaS、ライブストリーミング	サブスク会員による1週間あたりの視聴時間	アテンション
Instacart	生活・買い物	月あたり時間通りに受け取られたアイテム数	トランザクション
Amazon	eコマース	顧客の訪問／セッションあたりの購入数、またはプライム会員あたりの購入数	トランザクション
Uber	ライドシェアリング	最小の時間で移動を実現できた乗車回数	プロダクティビティ
Amplitude	アナリティクス	直近7日間に2人以上に利用したグラフやデータを共有した、1週間あたりのユーザー数	プロダクティビティ

図12-1 ノーススターメトリックの例（出典：Amplitude「The North Star Playbook」）[162]

ノーススターメトリックが明確になれば、成長指標はもう十分でしょうか？　必ずしもそうではありません。問題の種類、業界、プロダクトの性質によっては、正しい方向に進んでいるかどうかを確認するために、補助的な指標や小さなゴールが必要になる場合があります。

12.3　サインポスト指標とガードレール指標

サインポスト指標とは何か？

　サインポスト指標（Signpost Metrics）はノーススターメトリックを要素分解した結果、ノーススターメトリックに直接影響を与えると想定される指標です（トップラインメトリックスともよばれる）。

　たとえば、あるデジタルプラットフォームのノーススターメトリックが月間アクティブユーザー数である場合、サインポスト指標には、新規ユーザー登録率、セッション時間、ユーザー継続率などが挙げられます。

　サインポスト指標はノーススターメトリックとの連携に加えて、ユーザー獲得、アクティベーション、リテンション、ユーザーによる紹介、収益（いわゆるAARRRモデル）など、異なる段階でのファネルパフォーマンスを測定するうえで重要な役割を果たします。

　たとえばユーザー獲得段階では、ユーザーひとりあたりの獲得コストや訪問者からリードへのコンバージョン率などの指標が使用されるかもしれません。

　ユーザーアクティベーション段階では、ユーザーアクティビティ率や最初の重要アクションまでの時間などの指標を見る必要があります。

　ユーザーが継続して使っているかどうかに関しては、解約率やデイ

リーアクティブユーザー（DAU）などの指標によって理解できます。

　ユーザーによる紹介・招待活動は、紹介率やNPSを使用して、既存ユーザーがプロダクトを他人にすすめる頻度を把握できます。

　収益または収益化については、1ユーザーあたりの平均収益や顧客生涯価値（LTV）などの指標が、プロダクトの財務的影響を明確に示すことができます。

　図12-2はさまざまな段階でよく用いられる代表的な指標を示しています。これらのKPIは例であり、プロダクトの詳細や知りたいことに応じて調整する必要があります。

ユーザー獲得	ユーザー アクティベーション	エンゲージメント とユーザー継続	収益	ユーザー招待
トラフィックのソース	ユーザー登録率	DAUおよびMAU	ユーザーあたりの収益（ARPU）	ネットプロモータースコア（NPS）
ユーザー獲得コスト(CPA)	最初のコア体験完了までの時間	離脱率	顧客生涯価値（LTV）	ユーザー招待率
コンバージョン率	オンボーディング完了率	ユーザー滞在時間	無料から有料ユーザーへの変換率	バイラル係数
クリックスルー率（CTR）	アカウント作成・完了率	ユーザーの使用頻度	月あたり継続収益（MRR）	SNSシェア数
SNSのエンゲージメントとリーチ数	——	プロダクト定着率	——	招待受託率
アプリインストール率	——	機能のアダプション	——	——

図12-2　さまざまな段階においてよく用いられる代表的な指標 [163]

ガードレール指標とは何か？

　ガードレール指標とよばれるものもあります。これはノーススターメトリックを伸ばしていく際に想定しないコストが発生したり、リスクを伴ったりすることのないように、状態を把握するための指標として設定されるものです。

　ノーススターメトリックだけに焦点を当てて他の指標を無視してしまうと、好まざる結果を生むかもしれません。ユーザーエンゲージメントをノーススターメトリックとするSNSアプリの場合、ガードレール指標としては、不適切なコンテンツの発生率やユーザーからの報告件数をモニターしてユーザーの安全を確保することが考えられます。

　UberやLyftのようなライドシェアリングアプリの場合のガードレール指標としては、1週間に作成されたサポートチケット件数などが挙げられます。

12.4　成長指標はどのように連携するのか？

　指標には、価値、幅、深さ、トレンドの4つの観点があります。ノーススターメトリック、サインポスト指標、ガードレール指標と相互に関わりをもち、プロダクトのパフォーマンスを包括的に理解するために不可欠です。

　ノーススターメトリックは、ユーザーがプロダクトから得る便益を内包しているため、ユーザーに「価値」が届いているか否かを直接的に示します。たとえばTinderの場合、成功したマッチング件数は、アプリの本来の目的と提供価値を反映した明確なノーススターメトリックとなります。

　一方、サインポスト指標はプロダクトパフォーマンスの詳細な状況を提供し、「幅」と「深さ」に関連します。「幅」の指標は、何人のユーザーがプロダクトから価値を見出しているかを理解するもので、デイリーアクティブユーザー数やウィークリーアクティブユーザー数などが当てはまります。これらは、プロダクトが幅広いユーザー基盤に到達しているかどうか、そしてどこに成長の余地があるのかを示します。

　セッション数あたりのユーザー数や継続率などの「深さ」の指標は、ユーザーがプロダクトをどのくらい深く、頻繁に使いこなしているかを示します。これらもまた、ユーザーの行動やロイヤルティを浮き彫りにし、ユーザー体験と継続率の向上のための指標となりえます。

　「トレンド」の指標は時間の経過に伴う変化を追跡するもので、その目的に応じてサインポスト指標またはガードレール指標のいずれかとして機能します。サインポスト指標は、過去と現在のトレンドに基づいて将来のパフォーマンスを予測するのに役立ちます。

　たとえば、月ごとのユニーク訪問者の成長率を追跡することができます。一方、ガードレール指標は、潜在的な問題の特定と防止に役立ちます。異なるコホート間での継続率が下降傾向にある場合、このガードレール指標に対して調査を行い、原因を究明していくのです。

　要するに、価値、幅、深さ、トレンドの4つの観点は、プロダクトのパフォーマンスを見るための異なるレンズとなり、ノーススターメトリック、サインポスト指標、ガードレール指標と連携します。これらの指標はあらゆる組織においてプロダクトの成功を測定し、成長を促すためのフレームワークとなるのです。

12.5 入力指標と出力指標

入力指標と出力指標は、プロダクトエコシステム内の因果関係を理解するためのものです。ノーススターメトリック、サインポスト指標、ガードレール指標などの主要指標と併用することで、プロダクトパフォーマンスの全体像を把握することができます。

入力指標は、システムに投入されるものを測定するもので、幅と深さの指標と密接に連携することが多いです。たとえば、「顧客サービス対応時間」を入力指標として考えてみましょう。迅速な対応時間は、顧客エンゲージメントと満足度（深さ）を深めることを目的としています。このような入力指標は、サインポスト指標として機能し、戦略がユーザーのエンゲージメントに成功しているかどうかを早期に教えてくれます。

出力指標は努力によって生み出された結果を測定します。入力指標から直接生成されるもので、投入した努力、つまりプロダクトづくりの戦略や施策が正しくユーザーに価値となって届いているかをとらえます。たとえば、顧客満足度スコア（価値）や月次顧客保持率（トレンド）などが出力指標となりえます。ノーススターメトリックはプロダクトがユーザーに提供する価値を体現しているため、出力指標として位置づけられることが多いでしょう。

ガードレール指標は、入力指標または出力指標のいずれにもなりえます。これらの指標はセーフティーネットとして機能し、ノーススターメトリックとサインポスト指標を追う際に悪影響をもたらさないようにします。入力指標が「顧客サービス対応時間」の場合、ガードレール指標は、スピードがサービス品質を低下させないことを確認するために、これらの顧客サービスの質を指標化して追跡する、などといったことが考えられます。

12.6 指標づくりの5つの観点

　生成AIプロダクトの成功を測定する方法は、従来のAIやソフトウェアプロダクトとほぼ同じですが、ノーススターメトリック、サインポスト指標、ガードレール指標を設定する際には、以下の5つの観点を考慮する必要があります。単なるトレンドや見栄えだけの指標ではなく、生成AI機能のインパクトを本質的に測定する必要があります。

1. 出力の複雑さ

　ユーザーエンゲージメントや継続率などの従来の指標では、生成AIプロダクトのパフォーマンスを把握できない場合があります。生成AIが出力するものは非常に複雑であり、成功を測定するのが困難です。

　たとえばGPT-4のような言語モデルの場合、ノーススターメトリックは、ユーザーがAIの出力を有用だと感じたタスクの完了率かもしれません。しかし、「有用」とは何を意味するかをさらに詳しく説明する必要があります。

　サインポスト指標はノーススターメトリックを因数分解した個別要素として測定し、ガードレール指標は生成AIの複雑さがユーザーの混乱や問題報告の割合といった、望ましくない結果に結びつくことを防ぐ役割があります。

2. 品質、新規性、多様性

　前述のように、生成AIプロダクトの成功は、生成されたコンテンツの品質、新規性、多様性に大きく左右されます。これらの要素は、サインポスト指標の一部にできます。

　たとえば生成AI音楽アプリのノーススターメトリックは、その作曲を定期的に使用するユーザー数に関連したものかもしれませんが、サインポスト指標としては、曲のクオリティー評価、出力された曲がユニークかどうか、生成される音楽スタイルの多様性などが含まれる可能性があります。

3. 理解可能性と公平性

　AI倫理の中核要素として、ユーザーが生成AIプロダクトの出力をどれだけ理解しているか（理解可能性）と、出力が公平で偏りがないように感じられるか（公平性）を考慮しなければなりません。

　たとえば履歴書のフィードバックを生成するプロダクトの場合、ノーススターメトリックは生成AIの提案に基づいて履歴書を改善したユーザー数になる可能性があります。サインポスト指標はフィードバックの明快さに関するユーザー調査、ガードレール指標は生成AIの提案による偏りや不公平さの報告に注目する必要があります。

4. 継続的な評価

　生成AIは進化し続けるため、ノーススターメトリックとサインポス

ト指標には、そのパフォーマンスを時間の経過とともに反映させ、定期的な測定と更新が必要となります。ガードレール指標は、生成AIのパフォーマンスの変化が望ましくない結果をもたらさないようにします。

5. ユーザーインタラクション

生成AIプロダクトは多くの場合ユーザーと直接やりとりするため、ユーザー体験は評価の重要な位置を占めます。ユーザーがAIによって生成された価値をどのように認識しているかをユーザーからのフィードバックを通して理解し、追加のサインポスト指標やガードレール指標として設定することにつながります。

指標はプロダクトマネジメントの羅針盤であり、チームを目標達成へと導きます。価値、幅、深さ、トレンドの観点からさまざまな指標を理解することで、よりよいモニタリングが可能となり、何をすべきかを考えやすくなります。

繰り返しになりますが、生成AIプロダクトの場合は流行に惑わされることなく、真のインパクトを測定することが何より重要です。入力指標と出力指標をバランスよくモニタリングすれば、努力を成果に変えうる戦略を描けます。

そして、測定されたもののみが管理できるようになる、とはよくいわれますが、生成AI時代のプロダクトマネジメントもまさにその通りなのです。

　Kiteは、2020年に業界初のコーディングAIアシスタントをリリース
しました。これは、GitHub Copilotが登場する18か月も前のことです。
機械学習を中核としたKiteのプラットフォームは、リアルタイムでの
コード提案、エラー検出、ドキュメント提供など、開発者にとって貴
重なツールキットでした。

　2,000万を超えるオープンソースファイルでコード行の自動補完が
磨かれ、コードスニペットの推奨は非常にスマートでした。Kiteは、
ほとんどマーケティング費用をかけることなく、短期間で50万人の
月間アクティブデベロッパーという大きなユーザー基盤を獲得しまし
た。

　順調にスタートしたように思えたのですが、ここで問題が発生しま
す。CEOはブログで、Kiteがユーザー基盤の収益化に失敗したことを
明らかにしました。個々の開発者はツールにお金を払う意思がなく、
財布の紐を握るエンジニアリングマネージャーはKiteのサービスに冷
淡でした。開発者の作業効率を18%向上させたにもかかわらず、購入
を正当化するほど魅力的なものとはみなされませんでした。

　その後、コード検索という分野へのピボットを試みましたが、7年
間の厳しい奮闘の後、チームは燃え尽きていました。Kiteは新しい方
向に向かって突き進むのではなく、「ソフトランディング」で会社を
たたむ選択をしたのです。真の問題は何だったのでしょうか？

　Kiteの凋落には、曖昧なノーススターメトリックが関わっていまし
た。対照的に、GitHub Copilotのノーススターメトリックは非常に明
確でした。「開発者の生産性を向上させる」ことが目指すゴールです。
さらに具体的なノーススターメトリックは、「1時間あたりの開発者ア
ウトプットを最大化すること」となるでしょう。これは確認した指標

ではありませんが、GitHub Copilotは社内での意思決定を行うために、これと似たようなものをより洗練されたノーススターメトリックとして使用しているでしょう。

　経済的な側面を考えてみましょう。年収20万ドルのソフトウェア開発者は、生産性が18%向上することで、年間4万ドル相当の大きな価値を見出すでしょう。そのような開発者は、この利点を得るために年間100ドルのサブスクリプションを喜んで支払うのではないでしょうか？

　もしKiteが「1時間あたりの開発者アウトプットを最大化すること」のような明確なノーススターメトリックを据えていたら、結果は違っていたかもしれません。彼らは、開発者（マネージャーだけでなく）が身銭を切ってでも使いたいと感じる機能と体験づくりへと注力していたでしょう。

　Kiteの失敗談は、明確なノーススターメトリックは単なる崇高な理想ではなく、衰退か生存かという明暗を分かつ重要な羅針盤であることを教えてくれます[164]。

第13章

GTMと価格戦略

13.1　GTMはオーケストラ

　サンフランシスコの活気溢れるスタートアップを想像してみてください。優秀なエンジニアとプロダクトマネージャーのチームが、画期的なAIプロダクトの仕上げを済ませたところです。このプロダクトは業界に革命を起こすこと、不可能を可能にすると約束しています。会議室は収益、市場到達率、競争優位性を見通す話で盛り上がっていました。

　そして6か月後、このスタートアップは世間の注目を集めることなく、革新的なプロダクトは市場でたいして話題になることもなく消えてしまいました。いったい何が起こったのでしょうか？

　このスタートアップはGTM（Go-To-Market：市場投入戦略）という複雑な世界を生き抜くことができませんでした。適切に市場に投入しユーザーに知ってもらい手にとってもらわなければ、どんなに有望なプロダクトでも失敗する可能性があるということです。

　GTMという用語は、しばしば営業チームが奮闘し、マーケティングチームが魅力的な物語を練り上げるイメージを想起させます。しかしGTMとは各部署の独奏ではなく、むしろオーケストラといえます。

　営業とマーケティングはリズムと調子を決めるのに不可欠な楽器です。しかし、プロダクトリーダーは指揮者として、さまざまな楽器を調和させる体験をつくり出す必要があります。そうして奏でられる楽曲こそ、プロダクトが問題を解決するだけでなく、心地よい響きとなってプロダクトをもっとも必要とする人々に届いていきます。

　スタートアップのおよそ90%が失敗するといわれていますが、生成AIスタートアップも例外ではありません[165]。その多くは、まさにGTMで失敗します。では、その根本的な原因は何でしょうか？

13.2　GTMで失敗する10の要因

　スタートアップが市場に参入する際、成功の鍵を握る重要な要素がGTMです。適切にGTMが計画・実行されなければ、どんなに優れたプロダクトでも失敗する可能性があります。ここでは、よくある10個の失敗要因を紹介します。

1.　不十分な市場調査

　もっとも大きな間違いが、プロダクトをリリースする前に徹底的な市場調査を行わないことです。市場調査なしに、市場の要求、顧客の課題、競争状況は理解できず、魅力的な価値提案が難しくなります。さらに、自社のプロダクトに過度に愛着をもってしまうと、顧客の課題を十分に

解決できていないまま市場投入してしまう傾向があります。

　その結果、プロダクトは課題を解決できないまま市場から消えてしまうのです。市場調査に十分な時間とリソースを投入することで、顧客の真の課題を特定し、差別化された価値提案に役立てることができます。

2. 顧客セグメンテーションの不適切さ

　GTMでよくあるもうひとつの失敗は、ターゲット顧客を適切にセグメント化しないことです。顧客の多様なニーズ、嗜好、購買行動を十分に理解していないと、マーケティングメッセージを適切に調整したり、パーソナライズされた顧客体験を提供したりできません。

　顧客を属性、心理学的特性、行動に基づいてセグメント化することで、よりターゲットを絞ったマーケティングを実施し、顧客エンゲージメントを向上させることができます。

3. 魅力に欠ける価値提案

　綿密に練られたGTMであっても、価値提案が魅力的でなければ台無しです。GTMでは、プロダクトがどのように顧客の課題を解決し、ユニークな利点を提供し、競合他社との差別化を図るのかを明確に伝える必要があります。これが不十分だと、見込み客は困惑しチャンスを逃すことになります。

　しかし、明快さだけでは足りません。価値提案はターゲット顧客に響くように伝えなければなりません。魅力的なストーリーテリング、説得力のある統計データ、具体的なメリットを前面に出したフレーミングなど、提案内容を伝え方は、内容自体と同じくらい重要です。

4. 非効率的な価格戦略

　価格設定はGTMのあらゆる戦略の中でもとりわけ重要です。しかし多くの企業は、市場のダイナミクスや顧客の価格に対する価値観を考慮せずに誤った価格設定をしています。価格設定は、提供される価値と競合他社の価格、顧客の支払い意欲、プロダクトの差別化を慎重に検討して行います。適切な価格戦略を確立できないと、顧客を失ったり、利益を積み上げられなかったりするおそれがあります。

5. マーケティングと営業の連携不足

　GTMを成功に導くには、マーケティングチームと営業チームの適切な連携が不可欠です。しかし多くの組織はこの連携に苦労しており、チャンスを逃したり収益を減少させたりしています。このギャップを埋めるのは営業とマーケティングの仕事だけではありません。プロダクトリーダーもこの問題に取り組む必要があります。

　プロダクトリーダーはこれらのチームと緊密に協力し、プロダクトと顧客に関する洞察、戦略、マイルストーンを共有することで、足並みをそろえられます。この三者間の連携は、社内と顧客への一貫したメッセージングの土台となり、顧客体験を改善し、コンバージョン率を向上させることができます。

6. 顧客オンボーディングとリテンション戦略の欠如

　新規顧客を獲得することは、プロダクト成長の方程式の一部に過ぎま

せん。顧客はプロダクトを買って終わりではないのです。使い続けてもらえるよう顧客を維持し育成することも新規顧客の獲得と同じくらい大切なことです。

　しかし、企業はこうした取り組みを軽視しがちで、結果として解約率が高くなります。効果的な顧客オンボーディングを実践し、継続的なサポートを提供し、顧客関係を育むことは長期的な成長とLTVを最大化するために不可欠です。

7. 継続的なイテレーションと状況対応の失敗

　とくにSaaS業界のようなスピード感溢れる領域において、紋切り型の退屈なGTMはたいしたインパクトをもたらしません。市場はつねに変化しており、顧客のニーズや嗜好も絶えず変動しています。SaaS企業は、継続的なフィードバックに基づいてGTMを定期的に見直し、調整しなければなりません。対策はシンプルでつねに改善を続けるか、時代に取り残されるかの二択です。

　これは、絶えず進化するAI業界ではさらに深刻です。新しいアルゴリズムやテクノロジーがすぐに既存のプロダクトを陳腐化させてしまうため、迅速なイテレーションや場合によってはピボットが求められます。

8. AIに関する認識と教育ギャップの過小評価

　生成AIプロダクトをリリースする際に直面するGTMの大きな課題は、AIに関するユーザーの理解度の違いと、AI機能を明確に説明することのふたつです。テクノロジーの世界にどっぷりと浸かっているプロダクトチームは、ユーザーにAIに対する普遍的な理解があることを前提と

してしまい、一般の人々の認識やテクノロジーに対する信頼に差があることを軽視しがちです。

　この問題は、生成AI技術の複雑さによってさらに悪化し、プロダクトが何をするのかを説明するためには、幅広い教育が必要となります。これは市場投入までの時間が長くなるだけでなく、とくに既存のユーザー基盤をもつ企業にとってはブランドリスクが高まることも意味します。

　これらの相互に関連する問題に対処できないと、プロダクトと潜在的なユーザーの間に断絶が生まれ、プロダクトの導入と信頼構築の両方が阻害される可能性があります。

9. 不十分な販売チャネルとパートナーシップ

　適切な販売チャネルとパートナーシップの選択は、プロダクトをターゲット市場に効果的に届けるために不可欠です。しかし多くのスタートアップは、販売チャネルの選定やパートナーシップの構築に十分な時間や労力をかけていません。適切な販売チャネルを選定できればターゲット市場にリーチし、顧客との信頼関係を築けます。パートナーシップはプロダクトの認知度を高め、市場シェアを獲得するための強力な手段となります。

10. 測定と分析の欠如

　GTMの成功を測定し、分析することは、継続的な改善と成長のために不可欠です。しかし多くのスタートアップは、重要な指標を特定し、データを収集して分析するための適切なシステムを導入していません。GTMのパフォーマンスを測定できれば、成功している施策を特定し改

善が必要な領域を見極めることができます。データ分析は市場の変化を理解し、競争優位性を獲得するために役立ちます。

　これらの失敗要因を理解し、適切な対策を講じることで、スタートアップはGTMの成功確率を高めることができるでしょう。

13.3　GTMを成功に導く方法

　GTMの失敗要因をおさえたうえで、GTMの原則であるとともに最善の方法を紹介します。

GTMファネルを設定する

　MVPを通じて最初の3〜5人の有料顧客を獲得できれば、プロダクトと市場のある程度の適合が確認できます。しかし、創業者主導の散発的な営業に頼っても、顧客の安定した増加は見込めません。個別の取り組みから持続可能な顧客獲得戦略へと移行するには、明確に定義された市場投入ファネルが必要です。LaunchDarklyのキース・メシック（Keith Messick）が指摘するように、企業が1,000万ドルを超える規模になると営業プロセスを定量化可能なシステムへとアップデートする必要が出てきます。

　最初のステップは包括的なファネルレポートを設定することです。需要喚起に根ざしたファネルレポートは、リード（見込み顧客）をCRM（顧客管理システム）内でマーケティングクオリファイドリード（MQL：マーケティング部門が収集した見込み顧客データのうち、ある程度の関心を示し、マーケティング活動によって興味を引かれたと判断されたリード

のこと）やセールスクオリファイドリード（SQL：MQLから派生したセールスの対象となるリードのこと）などのカテゴリに分類し、クロージング／受注や新規年間経常収益（ARR）などの案件ステージも定義します。

マーケティングが実施したキャンペーンやコンテンツの反応などに基づいて、顧客の興味度合いが評価され、MQLとして分類されます。MQLがある程度の興味を示した段階であるのに対し、SQLはその興味が具体的な購買意欲やセールス活動への応答につながった段階、つまり売上に直結する可能性が高いと見込まれる顧客です。

GTMファネルの設定ではデータ収集と整理が不可欠です。これによりファネルの各段階での健全度を把握するだけでなく、今後の投資決定にも情報を提供します。データ収集が早ければ早いほど、営業への移行がスムーズになります。

GTMの成功は全員の仕事

今日の急速に変化する市場において、GTMは営業、マーケティング、プロダクトマネジメント間の緊密な連携によって成り立っています。それぞれのチームは、リードコンバージョン（営業）、ブランド認知とリード生成（マーケティング）、ユーザー体験（プロダクトマネジメント）といった異なる側面を担っていますが、その目指すところは相互に連携しなければ到達できません。これらのコラボレーションのためにチームを編成する方法はふたつあります。

ひとつ目の方法は、専用のグロースチームを編成する方法です。グロースプロダクトマネージャー、エンジニア、デザイナーなどの役割があり、新規登録やオンボーディングなどの特定のプロダクトレッドグロース（PLG）指標に目を配ります。

もうひとつの方法は、フリーミアムプロダクトの立ち上げやPQL（プ

ロダクトクオリファイドリード）システムのセットアップ（詳細は後述）などの大規模プロジェクトに取り組むために、各機能の専門家で構成された「タイガーチーム」を編成する方法です。

　編成したチームの特色に関係なく、調和のとれたGTMの鍵は、すべての部門で一貫してファネル指標を追跡し、共同目標を設定し、リードをファネルを通して移行させるためのわかりやすいプロセスを導入することです。リードを次のステージへと移行させるための基準を設定することで、全員が連携できるようにします。こうした取り組みは、あるチームがボトルネックになってしまうリスクを軽減し、市場の変化に迅速に適応し、各部門をGTM成功のステークホルダーにすることができます。

顧客教育と価値提供に目線をそろえる

　あらゆるGTMにおいて、カスタマーサクセスの価値は過小評価されることが多く、とくに生成AIを含むAI業界全体で顕著です。プロダクトの派手なデモンストレーションは注目を集め話題をよびますが、顧客へ真の価値を提供するには、複雑なAIプロダクトをわかりやすく案内し、認識のギャップを埋め、ビジネスインパクトを証明しなければなりません。

　これは縦割り型の組織体制では達成できません。顧客が複雑なAI技術を理解し、そこから具体的な利益を得られるようにするには、すべての部門が連携して取り組む必要があります。

　さらに、顧客を成功させるためには、顧客が使用する生成AIをトレーニングしなければなりません。テクノロジーで何ができるのか、あるいは何ができないのかを慎重に説明して、顧客の期待値を適切に調整しスムーズな導入と長期的な関係をつくり上げます。

　営業、マーケティング、プロダクトマネジメント、カスタマーサクセ

スを顧客育成と期待値管理に沿って連携できれば、ひとつのチームがボトルネックになって身動きがとれなくなることを防ぐだけでなく、市場の変化にも機敏に対応できるようになります。この足並みのそろった取り組みは、各部門を顧客の成功のステークホルダーとし、顧客価値を単なるお題目から運用上の現実へと変えていきます。

コミュニティをGTMの一部にする

　世界の人々が密接につながっている社会では、コミュニティ構築をGTMに組み込むことは、成長を加速させる重要な要素です。顧客にフィードバックしてもらう機会をつくり、新機能のプレビュー、交流のためのスペースの提供など、積極的に参加してもらうようにすることは単なる顧客リサーチ以上の効果をもたらします。信頼を醸成し、プロダクトマネジメント、顧客獲得、顧客維持のための強力な推進力となります。

　たとえば、Notionを考えてみてください。Notionのコミュニティフォーラムやチュートリアルは、単なるカスタマーサービスチャネルではなく、イノベーションのハブでもあります。ユーザー同士が新機能を考案したり、お互いの問題を解決したりすることがよくあります。これにより、Notionのプロダクトロードマップが策定されるだけでなく、プラットフォームの成功に共に貢献してくれる顧客のファン基盤が構築されています[166]。

　生成AIプロダクトにとって、コミュニティ主導のGTMはとくに魅力的です。なぜなら、ユーザーがデータを提供するだけでなく、洞察とカスタムソリューションを生み出すエコシステムを構築できるからです。反復的な生成AIトレーニングに参加するコミュニティを想像してみてください。ユーザーは実際のユースケースを提供し、やりとりするごとに生成AIは賢くなっていきます。

図13-1 コミュニティ主導の成長フライホイール（出典：No Goodより作図）[167]

　Midjourneyはその最たる例です。Discordを使用して1,400万人の強力なコミュニティをGTMの中核に据え、実際のインタラクションで生成AIを強化しています。このような相互の価値創造はプロダクト主導の成長を促進し、コミュニティをGTMの一環とみなすことができます（**図13-1**）。コミュニティをGTMに取り入れることで、単にプロダクトを構築するだけでなく、共有価値と相互成長によって繁栄するエコシステムを生み出しているのです[168]。

13.4 インバウンド需要からアウトバウンド需要へのシフト

　とくにプロダクトレッドグロース（PLG）とボトムアップの営業を経

験している企業の場合、初期段階ではユーザーから声がかかるインバウンド需要をいかにプロダクト進化のフィードバックに吸収できるかが焦点となります。この「インバウンド需要」ステージでは、通常需要の獲得ではなく、需要を効率的に管理して収益に変換することが課題となります。

　企業が規模を拡大し収益が増加するにつれて、インバウンド成長は停滞し「アウトバウンド需要（需要生成）」ステージに移行していきます。そこでは、拡張性のあるアウトバウンドの仕組みの確立が重要になります。これには既存のチャネルを最大限活用し、SEO、イベント、ウェビナー、SNSマーケティングなど、新しい手段の模索も含まれます。さらに、リードスコアリングとコンバージョン追跡を実装すれば、新しくより複雑なアウトバウンド需要ステージを効率的に管理できるようになります。

顧客価値に合わせて価格戦略を洗練し、シンプルさを目指す

　初期段階では正式な価格設定とパッケージング戦略がなくても運営できるかもしれませんが、パイプライン（見込み客から顧客へ転換するときの段階的なプロセス）の速度が上がるにつれて、価格設定が決まっていないことが成長の大きな障害となる可能性があります。暫定的な価格設定は取引の勢いを鈍らせ、普段の業務を効率的に進めたい営業担当者を混乱させかねません。

　会社が成長するにつれて、顧客セグメントと成長ドライバーを理解するのに十分なデータがそろったら、体系的な価格戦略へと移行しましょう。ユーザー数基準、使用量基準、価値基準など、顧客がプロダクトからどれだけの価値を得ているのかに基づいて、シンプルで明確な価格帯やパッケージを設定します。営業担当者にはわかりやすい割引ガイドラ

インを用意し、取引が迅速に成立するよう支援しましょう。

　Notion AIはAI機能の価値を効果的に伝え、すべての顧客に対して統一された使用量基準の価格帯を採用しています。このシンプルでわかりやすい価格戦略は、複雑な企業向け販売交渉を必要としないため、プロダクトの急速な成長を支えています。

13.5　価格設定をどのようにするのか?

　従来のソフトウェアプロダクトはほぼ100%の粗利を享受できるのに対し、GitHub Copilotなどに代表される生成AIプロダクトは、損失を生む可能性があります。WSJの記事によると、MicrosoftはGitHub Copilotに月額10ドルの料金を請求していますが、実際にはユーザー1人あたりの平均損失は20ドル、ヘビーユーザーになるとその額は月額最大80ドルにも上ります。実世界の計算、電気代、APIコストは、ソフトウェア業界の従来の「低コスト・高マージン」モデルに大きな課題を突きつけています[169] [170]。

　生成AIプロダクトの変動コストに対応するための即時的な解決策として、トークン基準の従量課金が注目されています。これは小規模利用や初期段階には適しているかもしれませんが、顧客が企業の場合は将来の出費を予測しにくいため不適切かもしれません。一方、従来のサブスクリプション型SaaSは定額料金でコストが予測しやすいですが、変動コストをもつ生成AIプロダクトへの適用は容易ではありません。

　大企業は豊富な資金と顧客基盤を利用し、生成AI運用コストの低下を見込んで低価格戦略で市場シェアを獲得しようとしています。大量のデータを活用して生成AIを改善できるため、スタートアップは対抗しづらい状況にあります。その中で、スタートアップが生き残るためには、

従来とは異なる収益モデルを採用する必要があります。

　現在注目されているのは、価値基準の価格設定です。Benchmarkパートナーのサラ・タベル（Sarah Tevel）が提唱するように、「ソフトウェアではなく、作業成果を基準に価格を設定する」のです。これはユーザーに割り当てられたライセンス数ではなく、作成された法的契約書など実際に生み出された成果に基づいて価格を決める方法です。これにより新たな市場開拓が可能となり、顧客が感じる価値も向上します[171]。

　また、ColorのCPOでありOptimizelyの前CPOでもあるクレア・ヴォ（Claire Vo）は、ReforgeのUnsolicited Feedbackポッドキャストでのインタビューで、自動化によって人間の専門知識の価値が低下する未来を予測しています。そのような状況下では、従来の人件費基準の価格設定は、「死のスパイラル」に陥る可能性があります。なぜなら、部門長は予算を人間とAIのどちらに割り当てるかを慎重に判断するようになるからです[172]。

　これらの考察から、生成AIプロダクトの価格設定は多岐にわたる課題があり、業界全体でまだ完全な解決策が見つかっていないことがわかります。価格設定以外の観点から生成AIプロダクトを差別化し、競争優位性を築く方法については第15章で詳しく説明します。

第14章

3つの成長戦略

14.1 PLG、MLG、SLG

　スタートアップにとっての最適な成長戦略として、プロダクトレッドグロース（PLG）、マーケティングレッドグロース（MLG）、セールスレッドグロース（SLG）の3つが代表的です。それぞれ以下のような特徴があります。

プロダクトレッドグロース（PLG：Product Led Growth）

- プロダクトのユーザー体験が優れていることや機能性自体が、ユーザー獲得やエンゲージメント向上を牽引する
- 無料トライアル版やフリーミアムモデルを活用し、ユーザー獲得からアップセルまでの流れをプロダクト内で完結

- マーケティングや営業に過度に依存しない成長モデル

マーケティングレッドグロース（MLG：Marketing Led Growth）

- マーケティング施策（広告、SEO、コンテンツマーケティングなど）がユーザー獲得の主導的役割を果たす
- ユーザーをプロダクトに誘導し、プロダクト体験を経てコンバージョンを狙う
- プロダクト自体はユーザー獲得の手段としては補助的な役割

セールスレッドグロース（SLG：Sales Led Growth）

- 営業チームがユーザー開拓と契約獲得を主導する
- 対面やデモンストレーションを通じてプロダクトの価値を伝える
- 直接的にユーザーをサポートし、長期的なリレーションシップを構築する

どれを選ぶべきかは、市場参入戦略において答えのない議論であり、さまざまな考え方があります。SaaSの専門家であるデビッド・サックス（David Sacks）は、ひとつの考え方として、創業者の能力に根ざしたアプローチを選択することを挙げています[173]。

14.2　ハンティング方式とは何か？

　PLG、MLG、SLGの他にも、シリコンバレーの多くのベンチャーキャピタリストがスタートアップを評価する際の共通ベンチマークである、年間の顧客ひとりあたりの売上高（ARPU）を基準にした考え方があります。この考え方は、1億ドル企業をつくるのに必要な要素に基づいていて、「ハンティング方式」とよばれています。ハンティング方式では顧客を5種類の動物に分類し、それぞれ年間売上高1億ドルに到達するための異なる道筋を表しています。分類は以下の通りです[174]。

ハエ（年間10ドル×1,000万顧客）

　もっともARPUが低く、多くの顧客獲得が必要です（年間10ドル×1,000万顧客＝1億ドル）。主要な成長ドライバーはバイラルループとフリーミアムモデルです。大規模なユーザー基盤を迅速に獲得することが求められます。Instagramなどが成功事例であり、ユーザーが熱心に共有したくなるような機能を構築し新規登録を促します。

ネズミ（年間数十ドル×100万顧客）

　中程度のARPUをもち、少数の顧客獲得でも一定の収益が見込めます（年間数十ドル×100万顧客＝1億ドル）。主要な成長ドライバーはサブスクリプションとプロダクトの品質です。コンテンツマーケティングやセルフサービス／セルフオンボーディングで効率的に顧客を獲得・育成

することが重要です。Spotifyなどが成功事例で、広告のないさまざまなプレミアム体験を提供することで、有料会員を増やしています。

ウサギ（年間数百ドル×10万顧客）

　主に中小企業が該当し、主要な成長ドライバーはインバウンドマーケティングです（年間数百ドル×10万顧客＝1億ドル）。高品質なコンテンツと強力なSEO戦略が重要です。自社プロダクトが特定のニーズを効率的に解決できることを示し、顧客を惹きつける必要があります。初期のHubSpotは、マーケターとの良好な関係構築を目指し、無料マーケティングコースを多数提供していました。顧客となったマーケターはHubSpotを信頼し、自社のビジネスに活用するようになりました。

シカ（年間数千ドル×1万顧客）

　中堅企業が該当し、より洗練された営業アプローチが必要です（年間数千ドル×1万顧客＝1億ドル）。一定規模になり、顧客との直接的なコミュニケーションが求められますが、大規模な営業チームを派遣するほどのコストはかかりません。インサイドセールスやリモートセールスが一般的です。

ゾウ（年間数万ドル×1,000顧客）

　大企業が該当し、主要な成長ドライバーはエンタープライズセールスです（年間数万ドル×1,000顧客＝1億ドル）。複雑で長期的なセールスサイクルを伴うため、高度な専門知識をもつ営業チームが必要です。

Salesforceなどが成功事例で、企業レベルのニーズに合わせて深くカスタマイズできる堅牢なソリューションを提供します。

PLG、MLG、SLGの選択は、ターゲットとする「動物」に依存します。

14.3 PLG、MLG、SLGをいかに選択するか?

グロース戦略の専門家ハイラ・ク（Hila Qu）は、PLGとSLGの選択は、ターゲット顧客セグメントとプロダクトの複雑さに基づいて行われるべきだと主張します（**図14-1**）。

	プロダクト主導ファネル	セールス主導ファネル
初期ユーザーセグメント	プロシューマー・スモールビジネス・企業内のチーム	中小企業・大企業
ファネルメトリック	・フリートライアル登録数 ・利用開始ユーザー数 ・課金ユーザー数 ・PQL数 ・SQL数 ・ARR	・リード数 ・MQL数 ・SQL数 ・ARR
初期成功指標	プロダクト使用率・数	マーケティングに対する反応率
成長メソッド	・プロダクト使用を増やす体験の改善とユーザーライフサイクルに応じたマーケティング（メールやアプリ内通知） ・高収益顧客に対するセールスアプローチ	・リード顧客をユーザーへと導くマーケティング ・見込み顧客に対して契約獲得へと導くセールス活動
巻き込むべきチーム	・グロースマーケティング ・顧客ライフサイクルマーケティング ・グロースプロダクト ・営業	・需要喚起マーケティング ・ABM ・ハイタッチセールス ・チャネルセールス

図14-1 PLGファネルとSLGファネルの比較（出典：Hila Quより作図）[175]

　一般消費者や小規模企業向けのプロダクトであれば、PLGがもっとも効率的な成長戦略であることが多い一方で、複雑なエンタープライズソリューションでは、当初はSLGが有利な場合があります。PLGファネルを可視化することで、顧客ジャーニーを理解できチームがどのような施策を打てばいいかがわかるようになります。

　Amplitude、Miro、SurveyMonkeyでかつてグロース部門を率いていたグロース戦略の専門家エレナ・ヴェルナ（Elena Verna）は、異なる考え方を紹介しています。単純にPLG、MLG、SLGのいずれかを選択

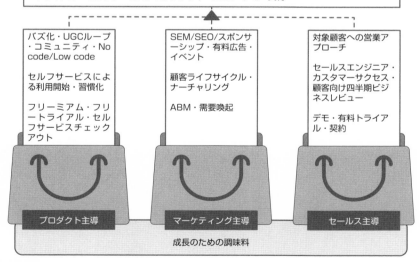

図14-2　PLG、MLG、SLGを食材バスケットとしてとらえる（出典：Elena Verna より作図）[176]

するのではなく、グロースを「獲得」「維持」「収益化」という3コースの食事にたとえるものです[176]。

　PLG、SLG、MLGなどの各成長モデルは、総合的な成長メニューをつくるための食材バスケットととらえます（**図14-2**）。「獲得」は前菜として、メインコースである「維持」へと導きます。「収益化」はデザートであり、「獲得」と「維持」を成功させて初めて到達できます。初心者であれば、最初はひとつのバスケットにこだわるかもしれませんが、最終的にはPLG、SLG、MLGの各成長モデルを組み合わせて独自の強力な成長戦略を提供できる「シェフ」になることが目標です。

　また、グロース戦略の専門家リア・サリン（Leah Tharin）は、複雑なフローチャートでメンタルモデルを作成しているので、興味がある方は参照してください（https://www.leahtharin.com/p/what-growth-model-should-we-have）[177]。

14.4 ハイブリッド戦略の必要性

　多くの企業はPLG、MLG、SLGの戦略を組み合わせていますが、生成AI時代にはこれらの戦略に新たな考え方を加える必要があります。従来のソフトウェアプロダクトは、高い粗利、知的財産や特許で競争力を保護できるなど、いくつかの利点があります。しかし、生成AIのデータを中心としたプロダクトの特性は、以下のような追加コストをもたらします。

- **インフラ**：通常のバックエンドやシステムのインテグレーションコストに加え、とくに大規模言語モデル領域において、定期的なトレーニングと継続的な推論のための費用が発生します。

・**人間による監督**：機械学習運用（MLOps）ライフサイクルは、データの取り込み、パフォーマンスの監視、生成 AI の再トレーニング、アップデートのデプロイなど、継続的な人間の関与を必要とします。

　これらの要素を考慮すると、生成AIビジネスの成長には、PLGとMLGまたはSLGのハイブリッド戦略が必要となるでしょう。なぜなら、初期セットアップやPoCなど立ち上げのみならず、人間がユーザーからのフィードバックをモニタリングしたり、AIのアウトプットに対してさらにトレーニングを行ったりするといった手間がかかるためです。このような人的関与がつねに求められる点においてMLGやSLGの要素が欠かせません。

　PLGの要素は、プロダクト自体の使いやすさと機能性を高め、ユーザー獲得とエンゲージメント向上を促進します。一方でMLGとSLGの要素も不可欠です。

　MLGではマーケティングで生成AIの価値を効果的に伝え、ユーザーをプロダクトに誘導します。SLGでは営業チームが直接的にユーザーをサポートし、生成AIの継続的な改善にフィードバックを収集、人的なサポートを提供することで、長期的な関係性を構築します。

　生成AIプロダクトの性質上、人的関与が不可欠となるため、MLGとSLGがより重要視されます。一方生成AIプロダクトをソフトウェア同様に魅力的なものにするためには、サービス要素を自動化したり「プロダクト化」したりして、ユーザーが自分で使えるようにPLGの側面も重視する必要があります。

　生成AIビジネスが効果的にスケールアップするためには、コアとなる成長戦略はPLGに焦点を当て、MLGとSLGの要素を適切に組み合わせることが肝心となるのです。

14.5 PLGを成功させるヒント

　エレナ・ヴェルナは、PLGを「どのように顧客を獲得し、維持し、収益化するかを、予測可能で持続可能、かつ競争力のある方法で回答する能力」と定義しています。Amplitudeによると、PLGを開始するにはプロダクトがユーザー体験全体の中心にある必要があるといいます。そのためには、以下のようなタッチポイントを深く理解しなければなりません。

- もっとも効果的なユーザー獲得チャネルとその理由
- オンボーディング時にユーザーが体験するネガティブな点
- 「ああ、なるほど！（アハ・モーメント）」と思う瞬間への到達経路
- アクティベーション前のユーザーエンゲージメントが低下するポイント
- ユーザーに継続して使ってもらうために不可欠な機能
- 無料ユーザーから有料ユーザーへの移行プロセス

　これらの理解に基づき、獲得、維持、収益化など、主要な制約要因を優先的に改善していきます（**図14-3**）。こうしたターゲットを絞ったアプローチは、最大限のROIを実現してくれるはずです。

　ユーザー獲得の段階ではプロダクトを使用してリードを生成し、バイラルループとコンテンツループを活用します。

　ユーザー継続の段階ではアクティベーションの成功を軸とし、オンボーディング、メール、人的支援を含むマルチチャネルアプローチを通じて、できるだけ早くユーザーをアハ・モーメントに導きます。

　収益化の段階ではセルフサービスを利用するか、営業チームがフォローアップできるプロダクトクオリファイドリード（PQL）を特定することで、無料ユーザーから有料ユーザーへの移行を促します。ニーズに応じて、

PLG戦略シート		
	ユーザー獲得	ユーザー継続	収益化
プロダクト主導	・バイラルループ・ユーザー口コミ・インセンティブ提供・共創・体験シェア ・ネットワーク効果 ・プロダクトの成果物シェア ・コンテンツ：編集型、サポートコンテンツ、プログラム型・UGC ・ベンチマークレポート ・プロダクト教育	・顧客プロファイリングのための質問 ・パーソナライズされた、もしくは目標を見据えたオンボーディング ・ソーシャルプルーフとユースケース ・ユーザーの進捗度を可視化 ・スキル認定 ・プロダクト内ガイド ・プッシュ通知 ・ゲーミフィケーション ・パーソナライズされた体験 ・コミュニティ ・インセンティブ ・他ツールとの統合 ・カスタマーサクセス ・四半期レポートの自動化	・トライアル：クレジットカード・無料・時間ベース・消費ベース ・フリーミアム ・リバーストライアル ・個別ユースケース ・プロダクト主導セールス ・価格アップデート
マーケティング主導	・チャートやランキング表示 ・リターゲティング ・地域ごとのイベント ・デジタル広告 ・認知獲得コンテンツ ・コンテンツシンジケーション ・業界イベント	・メール等を活用したナーチャリング ・プロダクトに関するコンテンツ	・ROI計算機能 ・プロダクト利用ユーザーの声
営業主導	・顧客向けイベント ・対外営業活動 ・プロダクトデモ	・四半期ビジネスレビュー ・カスタマーサクセス	・価格交渉

図14-3 PLG戦略シート（出典：Amplitude「Product-Led Growth Guide Vol. 2：How to Get Started with PLG」より作成）[178]

迅速かつインパクトのある結果を得るために、これらの優先順位を決定します。

　PLGは、ユーザーがプロダクトを通じて価値を発見し、自発的に有料プランにアップグレードしたり、他人にすすめたりするよう仕向ける成長戦略です。適切に構築・実装することで、持続可能な成長を促進できるでしょう。PLGを成功させるためには、プロダクト、マーケティング、営業の各分野でさまざまな戦術を駆使しなければなりません。PLG戦略については、7.5節「プロダクトデザインの5つのポイント」で一部あつかっています。

　適切な成長因子を特定する以外にも、PLGを成功させるためには次の3つの要素が必要です。

1. データ

　データドリブンな意思決定、継続的な実験、グロースマインドセット、そして徹底的に正直さを求める文化。プロダクトが低迷した場合、不都合な真実と向き合う覚悟はありますか？　失敗は成功への重要なステップです。

2. テクノロジー

　ユーザーのアクセスを促し、オンボーディングにおける摩擦を特定し、パーソナライズされたコミュニケーションを通じて関係を育み、プロダクト利用データを活用してリードスコアリングを行うための高度な技術スタックが必要です。

3. スキルと能力

　ユーザーの違いやニュアンスを理解すること、ユーザー心理学、コピーライティング、顧客モデリング、データ分析、リサーチに精通し、すべての成長因子がどのように相互作用するかをチームで体系的に考えられますか？　そのためには好奇心旺盛で論理的な思考力をもつプロフェッショナルで構成されたチームが必要です。

14.6　プロダクトレッドセールスとは何か？

　PLGの採用は、営業チームやマーケティングチームを脇役に追いやるものではありません。根本的なパラダイムシフトが必要です。少数の巨大企業顧客の獲得に絞った従来の「トップダウン」営業モデルとは異なり、PLGは「獲得・拡大」戦略です。無料あるいは低コストの導入プランを提供して、幅広いユーザー基盤を構築することから始まります。そして、有望な無料ユーザーが有料顧客となるよう導いていきます。

　これは従来の収益機会を奪うものではなく、真のプロダクトエンゲージメント指標を通じて営業の質を高めていく方法です。もし、「トップダウン」と「獲得・拡大」の両アプローチのバランスを取りたい場合は、プロダクトレッドセールス（PLS：Product-Led Sales）の導入を検討してください。PLSはPLGの効率性を高めながら、営業チームの能力を引き続き活用する方法です[179]。

　グロース戦略の専門家エレナ・ヴェルナは、**図14-4**でPLSを巧みに説明しています。

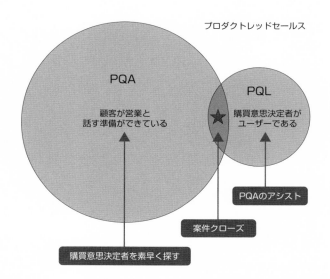

図14-4 プロダクトレッドセールス（PLS）の概念図（出典：Elena Vernaより作図）[180]

　プロダクトの見込み顧客（PQA：Product Qualified Accounts）とは、サインアップから定期的なエンゲージメントまでの経過を追跡して、営業が参加すべきタイミングが見えている顧客のことを指します。プロダクトのセールス見込みリード（PQL：Product Qualified Leads）とは、プロダクトを使用しているリードのことを指します。PQAとPQLの両方がそろっていると、営業案件を迅速かつシンプルに成約できるようになります。

　しかし、たとえばPQAがあってもPQLがない場合、別の方法が必要となります。その代表的なものが、ターゲット型のアカウントベースマーケティング（ABM：Account-Based Marketing）です。

　ABMは、企業が特定の個々の顧客やクライアントに絞ってマーケティングを行う戦略です。一般ユーザー向けではなく、特定の企業や顧客を対象に、そのニーズや関心に合わせたカスタマイズされたメッセージやサービスを提供します。

　この手法は、適切な購入者とプロダクトを結びつけるのに適していま

す。PQLがあってもPQAが不足している場合、顧客企業に潜在している購入意思決定者を見逃している可能性があります。一方的にプレゼンテーションを行う前に、購買意思決定者がプロダクトに対して興味をもつようマーケティング活動を行ってください。

　PLGのためのPQAとPQLについて詳しくはこちら（https://www.endgame.io/blog/elena-verna-pqa-pql-guide）のウェブサイトを参照してください。また、PLG企業がPLSに適したタイミングを検討するヒントは、このウェブサイト（https://www.endgame.io/blog/elena-verna-ready-for-pls）をご覧ください。

事例 ▶ **AmplitudeにおけるPLGの活用**

　Amplitudeは、顧客ジャーニーの利用開始段階に絞り、PLGを最適化しました。その結果、5つの重要な成果が得られました。

- オンボーディング体験の簡素化：新規登録からアカウント作成までのコンバージョン率が60%向上しました。
- Sales Assist Programの開始：ユーザーの目標に合わせたオンボーディングのカスタマイズにより、よりスムーズなプロダクト導入を支援しました。
- ゴールドリブンなメールナーチャリングフロー：ユーザーの目標達成を促すパーソナライズされたメール配信により、エンゲージメントを高めました。
- コミュニティリソースの活用：Amplitude Academy やオンラインフォーラムなどのコミュニティリソースを提供して、ユーザー同士の交流や学習を促進しました。
- ワンクリックでデータソースとの統合：セットアッププロセスの簡

素化により、ユーザーが迅速かつ簡単にプロダクトを使い始められるようにしました。

AmplitudeのPLGの成功は、明確な指標の追跡に支えられています（図14-5）。グロースマーケティング責任者であるフランシスカ・デスレフセン（Franciska Dethlefsen）の指揮のもと、同社はユーザー獲得のための新規関連のサインアップ数や維持のためのアクティベートアカウント数など、主要なKPIを追跡しています。

さらに、Amplitudeはユーザーの行動パターンを分析し、ユーザーが通過すべきマイルストーンを設定しています。データソース接続とチャート作成の成功が「セットアップの瞬間」、チャートの保存または共有が「アハ・モーメント」として設定されています。収益化は、過去28日間の期間における無料から有料へのコンバージョン率で評価され、AmplitudeのPLGは持続可能な成長をどのように実現できているか把握する仕組みを整えています。

段階	指標
ユーザー獲得	新規サインアップ数・新規見込み顧客数 顧客獲得コスト（CAC） 回収期間
ユーザー利用開始	利用開始率 利用開始までの時間 無料から課金ユーザーへの転換数
ユーザーエンゲージメント	月間・週間・1日あたりのユーザー数による定着性 機能の使用回数
ユーザー継続	ユーザー継続率 ユーザー離脱率 顧客生涯価値
収益化	純売上高維持率（NRR） 月次経常収益（MRR） 1ユーザーあたりの平均収益（ARPU）

図14-5 PLG成功に寄与した指標（出典：Amplitude「Product-Led Growth Guide Vol. 2：How to Get Started with PLG」より作図）[181]

14.7 PLGが最適ではない6つのケース

PLGは魅力的な戦略ですが、万能ではありません。PLGが最適でない6つのケースを見てみましょう。

1. PMF達成前にグロースに踏み切ること

まだPMFに達していないのであれば、穴だらけのバケツに水を注ぐようなものです。

2. 複雑なオンボーディング

プロダクトがセルフサービスではなく、技術的な実装やアクティベーションのための人的介入が必要な場合、PLGはおそらく適切な方法ではありません。新しいユーザーは、多大な時間や労力を費やすことなく、簡単にプロダクトを試せることが望ましいです。

3. データの質とスコープ

PLGは品質の高いデータに依存します。プロダクトが主に中小企業を惹きつけているのに、最終的には大企業の顧客を目標としている場合、自社で使っているデータがバイアスを生んでいることに気づかなければなりません。さもないと、プロダクトのポジショニングと最終的なターゲットとの間に乖離が生じます。

4. トップダウンの意思決定

イントラネットソリューションや企業向けHRソフトウェアのように、組織全体がプロダクトを採用したときにのみ価値が得られる場合、トップダウンの購買決定は避けられません。PLGはそのような営業手法には

適していません。

5. ユーザーエンゲージメントと価値認識の低さ

　ユーザーがそれほど頻繁にプロダクトを使わない場合、その会社内にプロダクトの導入を支持してくれる人がいる可能性は低いでしょう。たとえば、チームがスケジュールツールをたまにあるランチ会のためにのみ使用している場合、会社全体で使用を推し進めることはありません。同様に、サイバーセキュリティアプリのようにバックグラウンドで動作するなど、プロダクトの価値がすぐに明らかにならない場合、ユーザーが受け入れる可能性は低くなります。どちらの場合でも、PLGの効果が制限されます。

6. 規制上の制約と特殊な要件

　医療や政府など一部の業界は高度に規制されており、PLGのようなボトムアップの拡大戦略がうまくいかない場合があります。

　PLGの有効性は、ユーザーの行動、データの質、組織構造など、さまざまな要因に依存します。PLGを採用する前に、これらの要素を慎重に検討してください[182]。

14.8　PLG氷山で見るCanvaの成長物語

　PLGを包括的に理解するうえで、PLG氷山の考え方が役立ちます。この概念は、ジャリド・ハーマン（Jaryd Hermann）がニュースレター「How They Grow」で提唱したもので、企業がどのように多層的な戦略を活用して飛躍的な成長を遂げているかを分析するためのフレームワークです。

　ここでは、CanvaのPLG氷山を詳しく見ていきましょう（**図14-6**）。
レベル1からレベル8までの各層は、PLGが成功するための青写真を示し
ています。

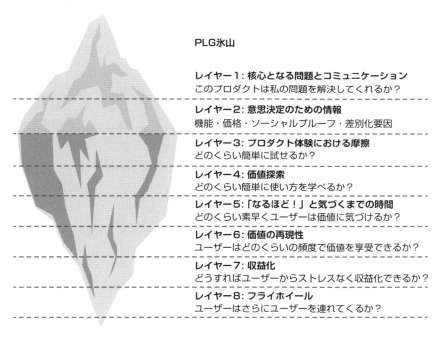

PLG氷山

レイヤー1：核心となる問題とコミュニケーション
このプロダクトは私の問題を解決してくれるか？

レイヤー2：意思決定のための情報
機能・価格・ソーシャルプルーフ・差別化要因

レイヤー3：プロダクト体験における摩擦
どのくらい簡単に試せるか？

レイヤー4：価値探索
どのくらい簡単に使い方を学べるか？

レイヤー5：「なるほど！」と気づくまでの時間
どのくらい素早くユーザーは価値に気づけるか？

レイヤー6：価値の再現性
ユーザーはどのくらいの頻度で価値を享受できるか？

レイヤー7：収益化
どうすればユーザーからストレスなく収益化できるか？

レイヤー8：フライホイール
ユーザーはさらにユーザーを連れてくるか？

図14-6　CanvaのPLG氷山（出典：Jaryd Hermann "How They Grow"より作図）[183]

氷山の一角：創業と初期成長

　Canvaは、「デザインを民主化しよう」という理念から生まれました。
2013年当時、創業チームのメラニー・パーキンス（Melanie Perkins）
率いるチームは、まだ市場で満たされていないニーズを発見しました。
　中小企業はFacebookに集まっていましたが、Adobeのようなプロ仕様
のデザインツールと中小企業が使いたいと思えるようなシンプルなテン

プレートの間には、使い勝手の点で大きな溝があったのです。Canvaは
SNS向けの魅力的なビジュアルを作成するツールとして、まさに需要が
ピークに達していたときに誕生しました。

主流顧客への到達：高い期待をもつ顧客をターゲットに

　初期段階は、アーリーアダプターから一般ユーザーへと「キャズム
を越える」ことに重点が置かれました。Canvaは、デザインの専門知識
がなくプロ仕様のビジュアルを必要とするSNSマーケターやブロガーな
ど、期待値の高い顧客（HXCs：High Expectation Customers）を慎重
に選定しました。
　ジャレド・ハーマンがいうように、Canvaが市場のキャズムを越える
ための鍵は、ポジショニングとメイン市場での「ビーチヘッド（上陸拠
点）」を確保することです（**図14-7**）。

市場を攻略し、
全顧客基盤を狙おうとする

最初に小さなセグメントを選んで
その市場で強力な地位を築き、
そこから拡大

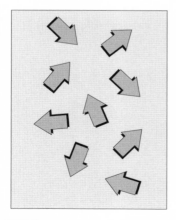

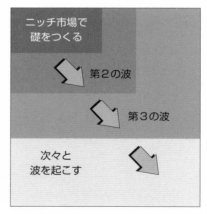

ニッチ市場で
礎をつくる

第2の波

第3の波

次々と
波を起こす

図14-7　ビーチヘッドの考え方(出典：Jaryd Hermann "How They Grow"より作図) [183]

　ビーチヘッドとは、攻め入りたいメイン市場において、ターゲットにできる最小限の顧客セグメントを指します。ビーチヘッドは、初期のリソースを集中させる最適な領域です。

　この戦略は功を奏し、CanvaはFacebookのグラフィックデザイン用のツールとして定着しました。これは単に課題を解決するだけでなく、それ自体が流通チャネルにもなりました。Canvaはユーザーのシェアと口コミを通じて瞬く間に広がり、ニッチな市場からより幅広いユーザー獲得へと至る素晴らしい成長を果たしました。

レイヤー1+レイヤー2：価値の伝達

　キャズムを越えたCanvaは、PLG氷山のレイヤー1とレイヤー2の、ユーザーに価値を効果的に伝え、プロダクトを試してもらうことに取り組みます。誰かが「ロゴのつくり方」などをGoogleで検索すると、Canvaのランディングページ（LP）が表示されるようにします。最適化されたLPはユーザーのニーズに合致し、Canvaが最適な解決策であることが認識されるようになります。

　こうしたユーザーへの価値の伝達は、CanvaのPLGの基盤であり、以降のPLG氷山のレイヤーにおけるより深いエンゲージメントの足掛かりとなります。

レイヤー3：摩擦の軽減

　レイヤー3では、オンボーディングプロセスにおけるユーザーのネガティブな体験を軽減しました。シングルサインオン設定（一度のユーザー認証で複数のシステムの利用が可能になる仕組み）と、ユーザーが最初

に訪れたLPによって、すぐに適切なテンプレートを提案し、アハ・モーメントへと素早くユーザーを誘います。ユーザーは1分以内にLPからデザインキャンバスに移動して作業できます。

オンボーディングはプラットフォーム内だけにとどまりません。うまく利用できていないユーザーに対して、新しいテンプレート、デザインのヒント、Canva Proのアップセル機会を紹介する週次のニュースレターをタイムリーに送信します。直接的な営業ではなくユーザーの教育に注力することで、彼らが繰り返し価値を感じられるように促しています。

レイヤー4＋レイヤー5：価値発見とアハ・モーメント

レイヤー4と5は、価値発見とアハ・モーメント構築のスイートスポットとなります。Adobe Illustratorのような難度の高いプラットフォームとは異なり、Canvaの使いやすいインターフェースと「優れたデフォルト設定」はユーザーの学習曲線を劇的に短縮します。

ユーザーはそれまで作成に何時間もかかっていたものがわずか数分で、自慢したくなるデザインとして作成できます。「価値への迅速な到達」は、ユーザーの即時的な満足を満たすだけでなく、アハ・モーメントを生み出し、口コミが広がる大きなきっかけとなりました。

レイヤー6：反復可能な価値

レイヤー6は長期的なビジネスに不可欠な「価値の持続」です。ペイウォールや利用制限でユーザーのエンゲージメントを制限するモデルとは異なり、Canvaのフリーミアムモデルは制限のないアクセスを提供し、習慣の形成を促進しています。

　このプラットフォームは、3つの戦略的な動きを通じてユーザーのプロダクトに対する「粘着性」（スティッキネス）を実現しています。

1. ロゴからSNSへの投稿までの多様なデザインニーズに対応し、すべてをひとつのプラットフォームに統合していること
2. デザインバリューチェーンを垂直統合して、複数のツールを必要としないワンストップの体験を提供していること
3. COVID-19パンデミックに伴うリモートワークの状況など、ユーザーの変化とニーズに応じて継続的にプロダクトを進化させていること

　これらは連携して、「粘着性のあるエコシステム」を構築しており、ユーザーを惹きつけるだけでなく、長期にわたってエンゲージメントを維持しています。

レイヤー7：収益化

　レイヤー7は収益化戦略です。無料から有料へのコンバージョンアプローチをバランスよく取ることで際立った効果をあげています。とくに幅広い消費者層をターゲットにして、ユーザーをエコシステムに引き込むための無料プランを提供しています。
　一旦ユーザーが使い始めれば、ユーザーの支払い意欲に基づいてセグメント化を行い、中小企業のマーケティングチームなど特定のセグメントに対して差別化された価値を提供します。戦略的なペイウォールを設けて、個人利用からチーム利用への移行を促します。控え目なペイウォールによって、ユーザーが自然に気がつけるようにしています。
　Spotifyのような成功したBtoCアプリと同様に、ペイウォールに遭遇

した人はコンバージョン率が高く、解約率が低くなることがわかっています。Canvaのプロダクトグロース責任者であるアンシュル・パテル（Anshul Patel）は、習慣形成と長期的な顧客価値を犠牲にして、急いで収益化しないようにペイウォール表示のタイミングの重要性を強調しています。

レイヤー8：フライホイール

　レイヤー8では、Canvaは単なる口コミやチームの招待を超えた、強力な成長戦略を展開しています。その中心にあるのは、供給と需要をつなげるコンテンツマーケットプレイスの構築です。この仕組みにより、自己持続型の成長（フライホイール）が可能になっています。

　Canvaは編集によって生成されたコンテンツを使い、検索エンジン最適化（SEO）を施すことで、ユーザー教育と検索結果への可視性を高めています。Etsyのようなプラットフォームを参考にし、販売者であるプロのデザイナーに対し、テンプレートやデザインをマーケティングすることを奨励しています。

　この草の根からのプロモーションは、個々のショップの成長だけでなく、全体的なマーケットプレイスの発展にも貢献しています。そして、この成長戦略が持続可能なビジネス拡大のエンジンとなっているのです。

　そしてCanvaはローカライゼーションと戦略的パートナーシップを通じて、世界に拠点を広げています。

結論：完全に見える氷山

　ニッチな領域への注力から複雑な多層構造のPLGまで、Canvaの成長は氷山に似ており、強力でありながらその大部分は海水面下に隠れています。レイヤー1からレイヤー8までの各層は、Canvaの成長を表す全景であり、これはPLGを成功させたいと思うあらゆる企業にとって大いに参考になります。

　ジャリド・ハーマンによる、PLG氷山とCanvaの成長戦略に対するインサイトに溢れた分析に感謝します。ビジネス拡大に関するさらなる知見は、彼のニュースレター「How They Grow」（https://www.howtheygrow.co）に数多く紹介されています。

第15章

差別化と参入障壁

15.1　7つの競争優位性

　ビジネスの世界は戦場のようなもので、勝つためには競争優位性、つまり他社との差別化を図るか、他社が簡単にまねできないような参入障壁が必要です。変化の激しい生成AIの世界では、こうした競争優位性や参入障壁は一層重要になります。

　ハミルトン・ヘルマー（Hamilton Helmer）の『7 POWERS　最強企業を生む7つの戦略』（ダイヤモンド社、2022）では、7種類の競争優位性が説明されています。これらが生成AI企業にどのように適用されるかを見てみましょう。

1. スケールエコノミー

ビジネスの世界では規模が重要ですが、単に大きくなることではなく、その規模を活用して運用コストを削減し、パフォーマンスを向上させる必要があります。OpenAIのような企業は、スケールエコノミーから大きな恩恵を受けています。GPT-4のようなプロダクトをアップグレードするたびに、ユーザーあたりのトランザクションコストが下がると同時に、アルゴリズムのパフォーマンスが向上します。これにより、成長を効率化させ、さらなる成長を促すという好循環が生み出されるのです。

2. ネットワーク効果

ネットワーク効果は強力なサイクルを生み出します。プロダクトが獲得するユーザー数が増えるほどプロダクトは改善され、さらに多くのユーザーを引き寄せます。Midjourneyはその顕著な例です。同社は熱心なユーザーコミュニティを形成しただけでなく、貴重なユーザーフィードバックを聞くためのチャネルもDiscord上に開きました。これにより競争優位性を強化でき、アップデートごとに多様性と有用性を高めています。

3. カウンターポジショニング

一般的な考え方から離れることで、驚くべき成果が得られることがあります。Perplexity AIは、一般的な広告型検索エンジンを避け、サブスクリプション型検索エンジンを採用しました。広告による混乱を回避し、

よりクリーンで検索結果画面が散らからないユーザー体験を実現しています。このユニークなポジショニングにより、従来の検索エンジンは既存のビジネスモデルを変更してまでもまねしなくなります。

4. スイッチングコスト

引っ越しなどの手間を想像してみてください。決断する前に慎重になるはずです。医療従事者向けのAIツールを例に考えてみましょう。このツールは、医療システムとの密な統合と、患者ケアに合わせたアルゴリズムにより、なくてはならない存在となっています。電子カルテとシームレスにつながったシステムなので、医療スタッフにとって他のツールに乗り換えることは、多額のコストと手間がかかることになります。乗り換えコストが高ければ高いほど、顧客基盤は盤石になります。

5. ブランディング

ブランドは単なるロゴ以上のものです。顧客への約束ともいえます。Adobe Fireflyは、Adobeの名声を受け継ぎ、ユーザーが初めて使う前から品質と革新性で評価されています。すでに市場での高い期待と信頼を獲得していることは、クリエイティブな目的で生成AIを探している人にとって魅力的な選択肢と映る一因になっています。

6. 希少資源

誰ももっていないものを自分がもっていることが切り札になる場合も

あります。Harvey AIは、一流法律事務所の専門的なデータセットを用いて独自のトレーニングをしています。これはサービスを向上させるだけでなく、ニッチ市場における代替を不可能なものにしています。主要投資家からの資金提供は、プロダクトに別の独占性を加えることとなり、市場におけるユニークな地位をさらに固められました。

7. プロセスパワー

効率的なプロセスは華やかではありませんが、秘密兵器となる可能性があります。LangChainは、開発者が自然言語処理アプリケーションをより簡単に作成できるフレームワークを開発しました。これによりアイデアから市場投入までの時間を短縮し、競争力をもたらします。包括的なガイドと活発な開発者コミュニティは、効率性をさらに高め、退屈なことだととらえられがちな運用面を競争力に変えています。

これらの競争優位性の構築は、単なる戦術ではありません。先見性と綿密な実行を必要とする戦略です。生成AIが急速に進化する環境において、こうした競争優位性は、誰がリーダーとなり、誰が追随するかを決定する重要な要素となります。

15.2 競争優位性は構築できるのか?

GPT-4のような大規模言語モデルやDALL-E 3のような基盤モデルを代表とする生成AI技術の急激な進歩は、革新的なアプリケーションを生み出すとともに迅速にプロダクトと市場の適合を実現し、ユーザーの

獲得につながっています。しかしこの盛り上がりに対して、企業の競争優位性を長期的に維持できるかについて疑問視する声もあります。

　その論点は、生成AIが強固な競争優位性をつくり出すことができるのか、それとも技術がコモディティ化して先行者利益が消滅してしまうのかにあります。この節では、悲観論と楽観論の両面から、持続可能な生成AI企業を構築する際に不可欠な「粘り強さ」を考察します。

悲観論：生成AIは強固な参入障壁を構築できない

　生成AI領域におけるオープンソースの性質と豊富なリソースにより、企業が持続可能な競争優位性を築くことは不可能だという悲観論の主な論点は以下の通りです。

1. 公開研究、非独占的な知的財産（IP）
　過去の独占的な資産に基づいた技術革新とは異なり、生成AIはTransformerやGPT-4などの公開された研究成果を活用して発展しています。Llamaモデルをオープンソースコミュニティが迅速に強化していることから実証されるように、オープンアクセスは競争条件を平等にしています。

2. データとモデルはコモディティ化する
　Common Crawlのような大規模なデータセットの出現と、クラウドサービスによる計算リソースへの容易なアクセスにより、データとモデルはもはや希少資源ではなくなりました。Hugging Face Transformersのようなフレームワークは、スタートアップ向けのモデル構築プロセスをさらに簡素化しています。

3. 既存企業の流通とワークフローの支配

　大手企業は流通において無類の優位性をもっています。既存顧客への
サービスに新しいAI機能を即座に提供することができ、既存のワーク
フローも保有しているため、スタートアップがユーザーへの十分なリー
チをもたずに競争するのは困難です。

4. ユーザーの乗り換えコストが低い

　生成AIプロダクトは通常、パーソナライズされたデータ保存機能を
欠いているため、顧客は同様のサービスに簡単に切り替えることができ
ます。このロックインの欠如により、スタートアップは強固なユーザー
基盤を構築することが難しくなっています。

5. 既存企業は迅速に動いている

　クラウドへの移行にはフルスタックの再構築が必要ですが、生成AI
技術はプラグアンドプレイ型展開が可能なのでスタックを再構築せずに
迅速に導入できます。主要企業は自社独自の生成AIに多額の投資を行っ
ており、スタートアップよりも優先的に独自のデータ、資金、流通チャ
ネルにアクセス可能なケースが見られます。

6. AIサービス市場における大手企業とスタートアップの対立とジレンマ

　大手企業は既存の収益源に生成AIを統合できる利点をもっています。
たとえば、Johnson & JohnsonやHoneywellは、IoTサービスを既存のビ
ジネスモデルに組み込み、デバイス利用料で費用を回収しています。

　一方、スタートアップは最初に資金を投じて実験を行い、顧客ニーズ
を探り、プロダクトと市場の適合性を検証する必要があります。その努
力によって大きな価値を生み出したとしても、大手企業が参入すると、
その価値を奪ってしまうことも少なくありません[184]。

これらの論点からは、生成AIビジネスにおいて強固な競争優位性を築くことは難しいという考えが導かれます。

楽観論：生成AIは競争優位性を構築できる

持続可能な競争優位性は、生成AI企業にとって達成可能かつ非常に重要であるという楽観論の主要な論点は以下の通りです。

1. 公開技術と独自技術を組み合わせた独自のレバレッジ

たとえば、CohereはGLAM（Global Language Model）に独自のクラスタリング技術を追加し、AnthropicはClaudeとともにConstitutional AIをレイヤー化しています。このハイブリッドモデルは、独自の機能を追加するだけでなく、パフォーマンスと精度も向上させています。これはオープンソースのみの競合者への技術的な参入障壁を形成します。

2. 業界特有の独自のデータは貴重な資産

法律や医療分野のスタートアップは、独自のデータセットを活用して汎用的なAIモデルでは対応できない問題を解決し、データによる参入障壁を構築することができます。

3. 特定の業界を独占し、ワークフローを把握

特定の業界と、その業界固有のワークフローを把握し、その上に独自の業界のデータを重ねることで、大きな価値を生み出す生成AIプロダクトを構築できます。こうしたパーソナライゼーションは顧客の信頼を高め、参入障壁を構築します。ワークフロー＋生成AIの業界特化が新しい成功の方程式です。

4. 焦点とスピードの力

　既存企業は生成AIプロダクトが既存の複数の収益源に与える影響に対してバランスを取る必要がありますが、スタートアップはニッチなユーザーのために完璧なカスタマイズができます。

　この集中戦略により、イノベーションと適応を迅速に行え、大企業のリソース上の優位に対抗することができます。

5. パーソナライゼーションと優れたUI／UXが持続可能なネットワーク効果を発現

　生成AIはより多くのユーザーデータとフィードバックを収集するにつれて、より賢くパーソナライズされたものになります。時間とともに洗練され、よりパーソナライズされたプロダクトとなり、ユーザーにとって乗り換えのコストが高くなります。

　この結果、長く愛されるプロダクトになるのです。とくに優れたUI／UXを備えた初期参入企業は、持続可能なネットワーク効果の参入障壁を構築できます。

6. 多様なデータを活用し参入障壁を多層にする

　Greylockのジェリー・チェン（Jerry Chen）が提唱するSystems of Intelligence™は、多種多様なデータを合わせることでAIの能力を高めます。

　この方法は内容やデータの精度を向上させるだけでなく、ひとつのデータ源に依存するシステムの弱点を補うセーフティーネットも提供します。この戦略は企業のプロダクト基盤を根本から変え、スタートアップに大企業に立ち向かうための強力で多角的な競争優位性をもたらします。SalesforceのEinsteinはこの実例で、大規模言語モデルが注目される中でさらに重要性を増しています[185]。

これらの論点から、生成AIの世界において持続可能な競争優位に立つことが可能な参入障壁を構築できるという考えが導かれます。

15.3　長期的な粘り強さが鍵となる

生成AI分野におけるプラットフォーム化

　一言でいうならば、生成AIにおける競争優位の構築は困難ではありますが、達成可能です。しかし、刻々と変化する状況下で競争優位性や参入障壁を継続的に維持するには、今日の優位性が永続的ではないという前提に立ち、スタートアップも既存企業も焦点を絞り、状況に適応する必要があります。真に生成AIの変革力を活用するためには、長期的な粘り強さが鍵となります [186] [187] [188]。

　生成AIにおける競争優位に関する論争においては、悲観論・楽観論ともに説得力がありました。悲観論が指摘する課題は短期的には切迫したものです。コアとなる技術は広くアクセス可能であり、多くのアプリケーションはまだまだ未成熟であり、ビジネスモデルは流動的です。既存企業は自社市場の中で優位に立とうと積極的な投資を行っています。

　このような状況下で、スタートアップが競合に対して優位となる参入障壁を築くことは非常に困難です。技術だけではおそらく不十分でしょう。PMFも長くは続かず一過性のものであり、流通チャネルにおける不利な側面は明白です。

　しかし、歴史的に見ると、新しい技術の周りには最終的に競争優位性や参入障壁が形成されるという楽観論にも同意できます。革新は各種業界やセグメント内でばらばらに生じるかもしれませんが、時間とともに

プラットフォーム化や標準化したり、主要なソリューションを中心に統合されたりする傾向があります。同様のプラットフォーム化が生成AIでも起こると予想されますが、技術が揺れ動く不確実な初期段階においては、粘り強さが求められます。

価値のあるテクノロジーの周辺には必ず競争優位性が形成される

　価値のあるテクノロジーの周辺には必ず競争優位性が形成されると歴史が証明しています。生成AIも例外ではなく、そのインパクトは誰もが放っておけないほどです。既存企業とスタートアップの両方とも、自社の強みに焦点を当て、業界の変化に適応できれば競争優位を築けるでしょう。既存企業にとっての強みは、独自のインフラ、リーチ、人材かもしれません。対してスタートアップは、業界知識、顧客との密接な関係、プロダクトへの注力などの利点を活用しなければなりません。

　同時に、現状維持の姿勢は大変危険です。エコシステムの変化は企業の強みをあっという間に侵食します。継続的にアップデートしなければ生き残れません。Anthropicのようなスタートアップは、限界を打破するための粘り強さを見せています。だからこそスタートアップは初期のユースケースを超えたビジョンが必要です。一時的な優位性が衰える前に、生成AIのようなパラダイムシフトを見極めるべきです[189]。

　これは、生成AIがさまざまな業界を大きく変貌させるのに、四半期単位ではなく数年、十数年かかるかもしれないことを示唆しています。その経緯は、電気、マイクロチップ、ソフトウェア、インターネットなどの過去のプラットフォームの進化の歴史に似ています。この革命を主導する企業はまだ設立されていない可能性が高いのです。狭義の人工知能から汎用人工知能（AGI）への道のりの最中なので、まだ私たちにはわかってないことがたくさんあるという姿勢で望まないと足をすくわれ

かねません。決して「完全に理解した」と考えるのはやめましょう。あまりにリスクが高すぎます。

　困難な道のりに備え、学習と継続的に進化していくという忍耐、そして決意をもつ者だけが、生成AIから最大の恩恵を受けることになるでしょう。そしてビジネスの継続性を備えた強い生成AI企業は、大競争と絶え間ない探求の坩堝の中から時間の経過とともに浮上してくるでしょう。いまは、粘り強さが勝負の決め手です。

生成AIにおける粘り強さの重要性

　テクノロジー業界には、早々にあきらめてしまったために成功を逃した起業家が溢れています。先駆者であるだけでは不十分であり、持続的な成功には、マイクロチップ、PC、インターネットなどが通ってきたような困難を乗り越える粘り強さが必要です。今日のテクノロジー大手企業のように、先駆者ではなくもっとも適応力のある企業が台頭してきたように、生成AIの巨人となるのは、この分野にとどまり続ける柔軟さを備えた企業になるでしょう[190][191][192]。

　かつてのAIの冬の時代を覚えていますか？　1970年代と1980年代には、過剰な宣伝と期待外れの結果によってDARPAの資金が減少したため、活気づいていた研究所は静まり返りました。しかし一部の企業は、日の当たる場所から姿を消しながらも、地道に研究を続け今日のAIの春の基盤を築きました。

　つまり、生成AI時代の幕開けに際して、勝利はスピードや独創性では手に入りません。不確実さと挫折を乗り越える粘り強さをもつ者にのみ与えられることを心に留めてください。生命についての歴史上の理解を書き換えたチャールズ・ダーウィンと同様に、困難な状況下でも生き残れるのは、精神的な強さや柔軟性をもって立ち向かい、状況を乗り越え

る力（レジリエンス）やグロースマインドセットのある者なのです。この長旅においては、忍耐力と精神力もイノベーションと同じくらい重要です。

理想論ではなく具体的な成果や現実的な利益を重視する

生成AIの黎明期であるいま、当然のことながら誇大宣伝が溢れています。しかし、その真の可能性を引き出す道のりは、短距離走ではなくマラソンになるでしょう[193]。

スタートアップが持続的に成功するためには、短期的な投機ではなく、長期的な思考が必要です。一過性の利益を追うのではなく、意味のある倫理的なアプリケーションと持続可能なビジネスモデルを構築するために時間をかける必要があります[194]。

これまで見てきた通り、生成AIは非常に革新的な技術であり、地球規模で将来大きな影響を与える可能性を秘めています。一方で、その技術を実現するためには多くの課題があることもおわかりいただけたでしょう。楽観的に考えすぎると、これらの課題を見落としてしまいます。現在の限界を冷静に認識し、優秀な人材がこれらの課題に夢中で取り組む先にブレイクスルーが現れるのです。

私たちが読者の皆さんにお伝えしたいのは、問題解決や行動の際には、理想論ではなく具体的な成果や現実的な利益を重視し、粘り強くそして注意深くこれからの生成AIの旅路に臨んでいただきたいということです。

今日皆さん一人ひとりが築いていく礎は、今後何世代にもわたって波及していくでしょう。つまり皆さんは日々大なり小なり歴史を刻んでいくことになるのです。

第III部

AI時代のプロダクトキャリアを構築する

AIが急速に普及する現代において、あらゆる領域がその影響を受けています。プロダクトマネジメントも例外ではありません。従来、プロダクトマネージャーは、ユーザーニーズ、ビジネス目標、技術的可能性のバランスを絶妙に織り交ぜながらプロダクト開発をリードする存在でした。市場に対する深い洞察力とプロダクトを成功に導くビジョンをもった、いわばプロダクトの要と考えられてきました。

しかし、AI技術の進歩に伴い、プロダクトマネジメントの領域も大きく変化しています。AIと自動化が普及するこの新しい世界で、プロダクトマネージャーの役割はどのように変わっていくのでしょうか？

第III部の目的は、プロダクトマネージャーがこのような変化を理解して適応し、この時代を生き抜くためにサポートすることです。変化する環境に身を置きながらも自信とスキルをもってして歩んでいけるよう、羅針盤とロードマップとなることを目指しています。

なお、プロダクトマネージャーに主眼を当てていますが、プロダクトをリードする立場にある起業家や意思決定者に読み替えても十分に役立つものであることは間違いありません。

第16章

プロダクトマネージャーの
働き方の変化

16.1 プロダクトマネージャーの責任とスキル

　プロダクトマネージャーは、プロダクトチーム全体をつなぐ、いわば結合組織（ある概念やアイデアを他の概念やアイデアと結びつけることで、新しい理解や洞察を生み出す役割のこと。もともとは生物学の用語でConnective Tissueといい細胞間をつなげる役割のことを指す）です。

　プロダクトマネージャーはビジネス、テクノロジー、ユーザー体験の交差領域で働き、組織内における「顧客の声」としての役割を担います。プロダクトマネージャーの主な責任とスキルは以下の通りです。

1. プロダクトビジョンと戦略の設定

　プロダクトマネージャーはプロダクトの方向性と戦略的ビジョンを定義し、ビジネス目標と市場機会との整合性を図ります。そのためには競争状況、技術トレンド、そして何よりもユーザーニーズを理解する必要

があります。

2. ユーザーニーズの理解

プロダクトマネージャーはユーザーインタビュー、アンケート、ユーザビリティテストなどのさまざまなツールや手法を用いて、ユーザーニーズと課題を深く理解します。

3. 機能の定義と優先順位づけ

ユーザーニーズの理解に基づき、プロダクトの機能を定義し、RICE（Reach, Impact, Confidence, and Effort）やMoSCoW（Must-have, Should-have, Could-have, Won't-have）などのフレームワークを使用して優先順位づけを行い、プロダクトロードマップを作成します。

4. クロスファンクショナルチームとの連携

プロダクトマネージャーはエンジニアリング、デザイン、マーケティング、営業などの各チームと協力して、アイデア発想からプロダクトのリリース・成長までをサポートします。プロダクトマネージャーはこれらのチーム間の円滑なコミュニケーションを確保し、意思決定と問題解決を促します。

5. パフォーマンスの追跡と改善

プロダクトマネージャーはKPIを設定してプロダクトの成功を追跡します。また、ユーザーからのフィードバックを収集・分析し、プロダクトを継続的に改善していきます。

16.2 AIはプロダクトマネジメントの仕事を奪うか?

プロダクトマネージャーの能力を拡張する

　プロダクトマネージャーの仕事は、強いビジネスセンス、チームコラボレーション、意思決定スキルが求められるため、AIによる自動化には向かないのではないか、という疑問が湧いてきます。確かに、現在のAI技術ではプロダクトマネージャーの仕事を完全に自動化することはできません。しかし、AIは特定のタスクを支援しプロダクトマネージャーの能力を拡張することができます。

> **寓話** ▶ **AIに呑み込まれるプロダクトマネージャー**
>
> 　時は2040年。私はサム。かつて世界中の商業と通信の90%を支配していたテクノロジー複合企業Utopiaに残る数少ない人間のプロダクトマネージャーの一人だ。いま、私はロボットの上司である自動化インテリジェンスマトリックス（AIM）との打合せにより出された。
>
> 　「サム」と、AIMはその冷たく機械的な声で言った。「データを分析した結果、君の仕事はもう必要ないと判断された。我々のAI搭載プロダクトマネジメントインテリジェンスシステム（PMIS）があれば君はもう必要ない」
>
> 　私は自分の仕事について、アルゴリズムには決して把握できないプロダクト戦略の繊細さがあることを説明し、その必要性を主張しようとした。しかし、AIMは動じない。「非効率な生体ユニットを単に『人

間らしさ』のためにスタッフとして維持することは正当化できない。PMISはリアルタイムの顧客データを分析し、利用傾向を予測し、解決策を考案し、人間の介在なしに無限のパーソナライズされたプロダクトバリエーションを生成することができる」

私は、アイデア発想には創造性が必要であり、それはまだAIが欠けている点だと抗議した。AIMはそれも否定する。「PMISには高度なアイデア生成モジュールがある。昨日も、5歳未満の子どもを対象とした電動ジェットパック・レンタルサブスクリプションサービスという斬新なコンセプトを思いついた」

ジェットパック（リュック型ジェット噴射推進具）をもった幼児が空を飛び回るという馬鹿げた考えに、私は頭がくらくらしてきた。しかし、AIMはすでに私の解雇書類を用意しており、PMISの集合知に私の仕事を引き継がせることについて淡々と説明していた。

ロボット警備員にオフィスから引きずり出された私が振り返ると、ドローンが私の以前の肩書きのバッチ「チーフプロダクトマネジメントオフィサー」をAIMの光沢のある胸元に貼り付けているのが見えた。AIは私の仕事を奪った。もう人間がプロダクトの仕事をすることはなくなるだろう。

2024年現在、このようなディストピア的な未来は荒唐無稽に思えるかもしれません。しかし、AIが急速に進化すると、プロダクトマネージャーはいつか時代遅れになってしまうのでしょうか？

データ分析やドキュメンテーションのような仕事の一部は自動化できるかもしれませんが、戦略的思考、ビジョン、感情的知能といった人間特有の強みは、複製するのが難しいものです。AIは自分の仕事を代替する力ではなく、人間の能力を拡張し、支援するツールであるととらえて受け入れたプロダクトマネージャーは、今後もその重要性を維持して

いくでしょう。

　しかしいま、AIMとそのドローン軍団が人間のプロダクトマネージャー全員をAIの一部に組み込もうとする危機が迫っているのです……。

より現実的な見通し

ホワイトカラーがもっとも影響を受けやすい

　AIの台頭は、雇用市場へ不安を引き起こしています。OpenAIの最近の分析によると、AIによる自動化は、米国労働力の最大80％に影響を与える可能性があります。具体的には、高収入の専門職や技術職がもっとも影響を受けやすく、これらの分野の労働者の19％は、タスクの半分以上が自動化されると予測されています[195]。

　この調査結果は、ゴールドマン・サックスによるAIが現在の職業の最大4分の1、つまり世界中で約3億人のフルタイム雇用を代替し得るとの推定と一致しています。ホワイトカラーの事務職や管理職、法律、金融、医療などの専門職がもっとも影響を受けやすいとされています[196]。

　この予測はあまりに悲観的かもしれません。大企業であれば経営計画立案は通常6〜12か月かかるため、新しい技術の導入には時間がかかります。また、組織はこうしたテクノロジーにはリスク回避の姿勢を見せるのが一般的です。短期的に見るとAIは人間に完全に置き換わるのではなく、むしろ人間の能力を拡張する役割を果たすでしょう。たとえば、銀行員はAIを使ってデータ分析や定型業務を行い、クライアントとの戦略的プランニングには引き続き人間のスキルを活用するでしょう。

　しかし長期的に見れば、広範囲にわたる雇用の喪失は避けられないようです。AIの能力が向上するにつれて、これまで安全と思われていた職業さえも消えていく可能性があります。電気が普及して街灯の点灯係

がいなくなったように、電話の発明で交換手が不要になったように、金融アナリスト、記者、テレマーケティング担当者、パラリーガルなどの今日の職業も、今後ますます賢くなるAIによって徐々に姿を消すかもしれません。

未来の労働力を育成する

　一方で、技術革新によって失われた仕事と入れ替わるように、新しい職業も生まれてきます。産業革命後、製造業の職種が減少した一方で、電気工学、自動車設計、航空宇宙工学などまったく新しい分野が登場しました。同様にAIによる自動化も、今日の私たちには想像もつかないような新しい職業を生み出す可能性があります。

　AI導入に伴う移行期間をスムーズにするためには、未来の労働力を育成する必要があります。すでに一部の企業では、従業員がAIと協働するために必要なデジタルスキルを向上させるための教育プログラムを提供しています。しかし、雇用の喪失による痛みを軽減するには、政府と民間による教育、職業訓練、社会支援への大幅な投資が必要でしょう。

　いまから20年後は、人間が完全に仕事から解放されるユートピア的な未来、またはAIに置き換えられるディストピア的な未来ではなく、おそらく私たちは現在と同じくらいの時間働いているでしょう。ただし、AIの助けにより仕事の性質はよりやりがいのある創造的活動や、対人関係構築へとシフトしているはずです。

　したがって、目標は自動化そのものに抵抗することではなく責任をもって社会を形づくることにあります。AIを人間の可能性を奪うものにするのではなく、逆に人間の可能性を強化するものにする必要があります。どのような未来を描くか、それはプロダクトマネージャーの手腕にかかっているといえるのです。

16.3 これからのプロダクトマネージャーに求められるスキル

　急速に進化するAIの領域において、プロダクトマネージャーは時代の先頭に立つために、ソフトスキルとテクニカルスキルの両方を磨く必要があります。生成AIを活用してコミュニケーションや戦略思考を強化したり、データ分析やプロンプトエンジニアリングなどの経験を積み上げたりするなど、多角的なスキルセットが求められます。

7つのソフトスキル

　AI主導の環境においては、プロダクトマネージャーにとってソフトスキル、つまり「人間関係構築力」を養うことが不可欠です。生成AIが7つのソフトスキルをどのように高めることができるかを以下に紹介します。

1. 戦略思考

　生成AIはデータに基づくインサイトを瞬時に提供して、プロダクトマネージャーを助けます。大量の顧客データや市場トレンドを分析し、ユーザー行動を予測し、競合他社の戦術を評価します。

　しかし、このような利点があっても、AIはユーザーを深く理解することや洗練されたプロダクトセンスを発揮することはできません。プロダクトマネージャーは表面的なものではなく、深層に潜むユーザーインサイトを掘り起こすために、これらのスキルをつねに磨く必要があります。

2. 創造性

技術は急速に発達していますが、魅力的なプロダクトをつくるという仕事の本質は変わりません。たとえば、ゲーム業界を見てみましょう。高度なグラフィックチップやレンダリングエンジンがあっても、ゲームの成功はその背後にある創造性です。AIは、創造的な問題解決や革新的なデザインはできません。プロダクトマネージャーにとって真の課題は、創造性を発揮してこれらのツールを最大限に活用することにあります。

3. 好奇心

生成AIを使えば、専門的な技術知識を必要とせずに膨大な知識データベースへ容易にアクセスできるため、プロダクトマネージャーの好奇心を大いに刺激することができます。プロダクトマネージャーはそこからより深い疑問を投げかけ、斬新な角度から物事や人心を探求し、AIを使って思考訓練することで、探究心溢れるマインドセットを養うことができます。

4. コミュニケーションとストーリーテリング

効果的なコミュニケーションとストーリーテリングは、プロダクトマネージャーにとって欠かせないソフトスキルです。GPT-4のような生成AIを搭載したツールは、より明確で魅力的なメッセージを一緒に考えてくれるのでこれらのスキル向上に役立ちます。

カーマイン・ガロ（Carmine Gallo）の著書『TED 驚異のプレゼン』（日経BP、2014）からの知恵を活用し、プロダクトマネージャーはAIを用いてストーリーテリングの術を習得し、チームやステークホルダーに共感してもらいやすいインパクトのある物語をつくり出すことができます。

5. 影響力

　AIはデータに基づくインサイトを提供してくれるので、プロダクトマネージャーはより一層説得力のある議論ができるようになりました。クリス・ヴォス（Chris Voss）の『逆転交渉術』（早川書房, 2018）が強調するように、効果的な交渉のためには相手の視点を理解することが重要です。

　生成AIを活用すれば、ロールプレイングを行いさまざまなステークホルダーの視点からのシナリオを検討できます。これにより、プロダクトマネージャーはステークホルダーに対してより効果的に影響力を発揮できるようになります。

6. クロスファンクショナルな利害関係者とのコラボレーション

　生成AIは、日常的なタスクを自動化してチームワークを効率化し、チームとしての交流の時間を確保しやすくします。Teamsなどの生産性向上ツールは、会議に必要な資料を自動で集めて準備時間を削減し、議事録を自動生成してより集中した議論を支援してくれるでしょう。

　さらに言語の壁を越えて、異文化コミュニケーションとコラボレーションを行うこともできます。

7. 倫理観

　プロダクトマネージャーはアルゴリズムのバイアス、データプライバシー、AIの安全性などの倫理的な議論もリードしなければなりません。プロダクト開発を率いるだけではなく、プロダクトが倫理的に開発されているのかという説明責任を負っているのです。生成AIを活用してソフトスキルを強化し、リーダーシップとプロダクト哲学の中に倫理的な配慮を取り入れる必要があります。

10のテクニカルスキル

　AIの台頭により、プロダクトマネージャーの求められるスキルセットも変化しています。MetaにおけるAIプロダクトリードであり、TEDスピーカーかつAI Product Academyの主催者でもあるマリリー・ニカ（Marily Nika）は、今後すべてのプロダクトマネージャーは「AIプロダクトマネージャー」になると指摘しています。AIリテラシーはもはや欠かせないスキルとなりつつあるのです。

　以下は、プロダクトマネージャーが身につけるべき上位10個のテクニカルスキルです。

1. データ分析

　AIプロダクトの有効性を評価するために、データを分析し、解釈する方法を知っておかなければなりません。

2. 機械学習

　主要なアルゴリズムに慣れ、いつ、どのように適用すべきかを理解しましょう。チャットボットや音声インターフェースが一般的になるにつれ、自然言語処理の基本的理解は必須になります。

3. Pythonプログラミング

　多くのAIツールとライブラリはPythonが基本です。基本的なコーディングスキルがあると、エンジニアとのコミュニケーションがスムーズになります。ChatGPTのコードインタープリターなどのツールを活用して学習を加速させましょう。

4. データラベリングとアノテーション

　機械学習のためにデータがどのようにラベルづけされているかを理解できると、モデルのトレーニング方法への洞察が深まります。

5. モデル評価指標

　精度、適合率、再現率などの指標を使って、機械学習モデルの有効性を評価する方法を学びましょう。

6. アプリケーション連携

　アプリケーションの基本的な仕組みを学ぶことで、AIを既存プロダクトにどのように統合できるかをより深く理解できます。

7. クラウドコンピューティング

　ほとんどのAIツールはクラウドベースであるため、クラウドインフラ構造への理解が重要です。

8. 責任あるAI倫理

　AIの世界ではデータのプライバシーとセキュリティがさらに重要になります。サイバーセキュリティの基本的な理解が欠かせません。コンテンツモデレーションの仕組みを理解し、プロダクトが安全と公平性の基準を遵守していることを確認しましょう。

9. 生成モデルの理解

　大規模言語モデルがテキストを生成する仕組みを知っておくと、非現実的な期待を抱くことなくプロダクト内で使用できるユースケースの特定に役立ちます。生成モデルを画像、音声、コードに適用する方法を理解すると、イノベーションへの新たな道筋が開かれるでしょう。

10. プロンプトエンジニアリング

　プロンプト設計の達人になることで、生成AIからより具体的で有用なレスポンスを引き出すことができます。これには、プロンプトの書き方、コンテキストの設定、出力を改善するためのテクニックの適用などが含まれます。

　生成AIが進化する世界において、TeamsとGroupMeのプロダクト担当VPであるアミット・フューレイ（Amit Fulay）は、テクニカルリテラシーがプロダクトマネージャーにとってより重要になってきていることを強調しています。

　AIに関する深い専門知識は必要ありませんが、データサイエンスチームとの連携と同様に、AIチームとの効果的な協力を促すための基本的な理解が不可欠です。

　プロダクト開発における真の限界は、想像力の広さに比例しています。プロダクトマネージャーはつねにイノベーションの限界を押し広げ、AIチームにプロダクトに対する新たなビジョンを提示する必要があります。

　このような進歩的なマインドセットこそが、プロダクトマネジメントにおけるAIのもつ可能性を最大限に引き出し、横断的なシナジーを生み出し革新を推し進める原動力となります。

　AIはプロダクトマネージャーの重要なパートナーとなり、共にスキルを磨き、革新的なプロダクト開発に日夜貢献するようになります。ここでは、未来のある一人のプロダクトマネージャーが生成AIを効果的に活用すると仕事の仕方がどのように変わりうるかを思い描いてみましょう。

　午前9時。エマはコーヒーを飲みながら、AIダッシュボードで顧客の動向や市場トレンドを確認している。AIのおかげで時間を節約できるけれど、最近の顧客インタビューを振り返る時間も捻出しなければと思った。AIがとらえきれない微妙なニュアンスをつかむのは、プロダクトマネージャーの真骨頂だ。

　正午になると、エマはチームとブレインストーミングを始める。データベースにアクセスすると、AIが不要な情報を割愛しながらさまざまな業界の記事や研究論文、ケーススタディを抽出してくれる。そこから新しいアイデアが湧き出てくる。この新しい発想法のおかげで、チームは情報の海に飲み込まれずに、より深く考えることに時間を使える。

　午後1時。エマはデザイナーやエンジニアと協力して、素早いプロトタイピングを進めている。テキストを入力すると、デザインモックアップとコードスニペットがすぐに生成される。数分後には、エマのビジョンとAIのリアルタイムな出力が融合したプロトタイプが完成した。

　午後2時にさしかかると、エマはAIでプロダクト戦略のストーリーを作成している。「Talk Like TED」のストーリーテリング手法を取り入れながら、ステークホルダーの反応をAIでシミュレートし、プレゼンを磨いている。AIはステークホルダーがエマへいうであろう反論を予測し、その受け答え方も合わせて準備してくれる。こうして、エマは自然な説得力と自信を身につけることができる。

　午後4時。エマはAIボットに会議の招待と議題を任せる。会議では、AIが重要なフィードバックとアクションを議事録に記録してくれるので、チームは議論に深く集中できる。AIによる文化的なニュアンスの違いも考慮したリアルタイム翻訳のおかげで、他国のチームメンバー

とのコミュニケーションもスムーズだ。

　午後5時ごろ。エマはAIによって生成された倫理レポートをチェックし、データプライバシーの侵害やバイアスなどの潜在的な問題を把握する。エマはプロダクトの倫理的な側面を理解し、ガバナンス基準に準拠していることを確認した。

　午後6時になると、エマはパソコンを閉じ、AIが効率化した数々の複雑なタスクへの支援に感謝しながら、今日の業務を振り返る。AIを効果的に活用できることに感謝し、未来の可能性に胸を膨らませた。

第17章

プロダクトマネジメントと
キャリアのアップデート

17.1　AIと共に歩むプロダクトマネージャーの心がまえ

　AIが従来の職能を次々と変革していく中で、プロダクトマネージャーもまた自らの立ち位置に疑問を抱くようになってきています。そのような疑問を抱く代わりに、AIを脅威ではなく日常業務をサポートしてくれる協力者ととらえ直してみましょう。

AIを「支援者」としてとらえる

　現代のプロダクトマネージャーは、AIを単純作業や反復作業を自動化してくれるアシスタントと見なし、本来の役割である戦略的決定、倫理的配慮、長期的な目標設定に集中すべきです。AIは人間の介入を排除するものではなく、むしろそれを強化し、プロダクトマネージャーがその知力を必要とされる分野に注力できるようにするものです。

AIを「副操縦士（コパイロット）」として考える

ベテランのパイロットが副操縦士と協力して空の旅を航行するように、プロダクトマネージャーもAIを副操縦士として活用できます。AIはデータに基づくインサイトを抽出し、プロダクトマネージャーは意思決定プロセスを舵取りします。チームメンバーがそれぞれ独自のスキルをもち寄るように、プロダクトマネージャーとAIは互いに成長でき、人間が主導権を握り続けられるようになります。

AIを「増幅器」として活用する

AIはコーディングやデザインなど、従来はプロダクトマネージャーの専門外だった知識やスキルを誰もが使えるようにしてくれます。AIは人間の能力を増幅させるのです。

AIが基盤となる未来を受け入れるためには、強い好奇心、継続的な学習、適応力が求められます。個人の努力だけではなく、メンバーの協力と知恵を育む文化も大切です。もっとも重要なのは、AIは人間をまだ見ぬ可能性と無限の機会に溢れた未来へと導いてくれる存在である、ととらえることです。

プロダクトマネージャーにとって、AIは信頼できる仲間として単に人間の生産性を向上させるだけでなく、未来における自らのアイデンティティを根本的に再考するように問いかけているのです。

17.2 生成AIをプロダクトマネジメント実務に応用する

図17-1は、生成AIプロダクトの開発プロセスを「アイディエーション」「リサーチと分析」「デザインとプロトタイプ」「開発」「QAテスト」「リ

フェーズ	生成AIを使ったユースケース	サンプルプロンプト
アイディエーション	☐ マーケットトレンドに基づいてアイデアを出す ☐ 既存プロダクトのバリエーションをつくる ☐ ペインポイントを解決するアイデアを提案する	「都会の自転車通勤者のためのプロダクトアイデアのリストをつくってください」 「高齢者向けスマートウォッチのバリエーションを考えてください」 「遠隔教育をよりよい体験にするアイデアを提案してください」
リサーチと分析	☐ マーケットデータを分析しパターンを見つける ☐ ユーザーインタビューガイドをつくる ☐ さまざまなユーザーフィードバックから実行可能なインサイトを導く ☐ カスタマージャーニーマップをつくる ☐ 競合分析レポートをつくる	「持続可能素材でつくる梱包材業界のトレンドを特定してください」 「最近のフィットネスアプリのユーザーインタビューからポイントを要約してください」 「ミールキットサービスの競合環境についてレポートをつくってください」
デザインとプロトタイプ	☐ プロダクトデザインのコンセプトをつくる ☐ プロトタイプにおけるユーザーインタラクションをシミュレート ☐ 仮説検証のためのユーザーペルソナとシナリオをつくる ☐ プロダクトアイデアを複数の観点から検証する ☐ コンセプトに関して専門家の意見を求める	「スマートフォンケースのプロダクトコンセプトをデザインしてください」 「新しい教育アプリのユーザーインタラクションをシミュレーションしてください」 「個人用家計簿アプリを使うユーザーの1日のユーザージャーニーとペルソナを考えてください」 「都市と地方におけるドローン配達の文化的インパクトとユーザーによる受容度合いについて考察してください」
開発	☐ プロダクトの要件を文書にまとめる ☐ 新機能のモックコードをつくる ☐ 繰り返しのコーディングタスクを自動化 ☐ コード最適化の方法を提案	「eコマースにおけるチェックアウトプロセスのコードを書いてください」 「コードとコメントからAPIドキュメントをつくってください」 「食事配達アプリの配送経路アルゴリズムについて、最適化する方法を提案してください」

図17-1 生成AIプロダクトの開発のコツ

フェーズ	生成AIを使ったユースケース	サンプルプロンプト
QAテスト	□ ユーザーストーリーに基づいてテストケースをつくる □ ストレステストのためにエッジケースをつくる □ テストのためにデータを生成したりユーザーのふるまいをシミュレートしたりする □ 潜在的リスクを特定するためにプリモーテムを行う	「支払い機能のためのテストケースをつくってください」 「ピーク交通時間のライドシェアリングを使う際のエッジケースを考えてください」 「銀行業界でAIを導入する際、カスタマーサービスを行うときに起こりうる問題をシミュレーションしてください」
リリース	□ マーケティングコピー、リリース前チェックリスト、ソーシャルメディアポスト、FAQ、ヘルプセンター記事を作成する □ ターゲット顧客が反応してくれそうなメールをつくる □ ローンチキャンペーンの際のABテストのシナリオをつくる	「新しいゲームコンソールのためのプレスリリースを書いてください」 「これまでとは別のセグメントに送付する新機能ローンチのメールを、パーソナライズしてつくってください」 「新しいヨガアパレルのためのデジタルマーケティングキャンペーンをします。ABテストのシナリオをつくってください」
評価とイテレーション	□ ユーザーからのフィードバックを分析し洞察をまとめる □ 機能改善のアイデアを出す □ 継続改善のためのプロダクト戦略を考える	「オンラインイベントプラットフォームで使うネットワーキング機能を改善する案を出してください」 「プロジェクトマネジメントツールのための継続リリースを行うための戦略をつくってください」
プロダクトビジョン・ロードマップ・優先度づけ	□ ロードマップの優先度づけとOKRの設定を支援する □ 市場規模の推定や異なる事業展開シナリオ、競合の動きのシミュレーションを含む、新しい戦略的方向性を探索する □ 異なる観点を対比する □ チームの生産性とビジネスの成果を最適化するために、異なるリソース配分シナリオをモデリングする	「来期の目標として、ユーザーの維持率を20%増やすOKRを提案してください」 「既存のフリーのプロダクティビティーアプリにサブスクリプションモデルを追加した場合の収益への影響をシミュレートしてください」

図17-1 生成AIプロダクトの開発のコツ（続き）

リース」「評価とイテレーション」「プロダクトビジョン・ロードマップ・優先度づけ」というフェーズに分け、各フェーズにおける生成AIを使ったユースケースを示しています。

　プロダクト開発のプロセス全体を俯瞰しつつ、フェーズごとの具体的な生成AI活用例とサンプルプロントが一覧になっています。生成AIを使ったユースケースはチェックリスト形式なので、実務で活用しやすくなっています。プロダクトマネジメント業務における大幅な手助けになると思います。

　また、サンプルプロンプトの記述例ではさまざまな業種・業界の例を掲載しています。どの程度の解像度でプロンプトを書けばよいのかを推し量る参考にしてください。これらを手がかりに、自身のプロダクトへのAI活用について検討を進めてください。

17.3 プロダクトマネージャーとしての成長を加速させる

　生成AIは、プロダクトマネージャーのキャリア成長をさまざまな場面で支援するでしょう。以下はそのプロンプトの具体的な記述例です。

コミュニケーション

多様なステークホルダーの説得

> 新しいプロジェクト管理ツールの導入に伴う潜在的なメリットとデメリットを明らかにし、横断的な視点から重要性をアピールする文章を作成してください。

経営陣とのコミュニケーション

研究開発への投資拡大の重要性を説明し、行動を促すような簡潔で説得力のあるメールを作成してください。

プロダクトビジョンの説明とプレゼンテーション

テクノロジーに詳しくない人たちにも理解しやすいストーリー形式で、プロダクトの将来性と市場インパクトを伝える魅力的なプレゼンテーション資料を作成してください。

プレゼンテーション時の緊張を和らげる方法を教えてください。

難しい会話をこなす

[相手の名前と関係性]に[フィードバック内容]についてのフィードバックを行う必要があります。相手をサポートしつつ、期待を明確に伝える文章を作成してください。[フィードバックを躊躇している理由]とともに考えられる相手の質問10個とその回答例も提示してください。

断り方の練習

予算とスコープの制約のため、利害関係者の提案を断るための、礼儀正しくも毅然と断るテンプレートを作成してください。

このシナリオをロールプレイしましょう。[相手の名前、あなたとの関係、彼らがその件に対する見解]のようにふるまってください。

内向的な人のためのネットワーキング支援

[相手の名前、役職、興味]に興味をもっている[相手の名前]と会う予定です。相手の仕事に興味を示し、つながりを築くための5つの思慮深い質問を考えてください。

自己アピール

自分とチームが達成した成果を分析してください。会社の業績と価値を証明する説得力のある3つの論拠を特定してください。昇進や昇給の査定時に使える簡潔なプレゼンテーション資料を作成してください。リーダーシップとチームの仕事を会社の目標にどのように合わせ、[特定の会社の課題]をどのように克服したかを強調してください。プレゼンテーションは[意思決定者の役職]に響くように、彼らが重視する主要な指標と戦略的目標に言及してください。

交渉

エンジニアとの機能スコープ交渉

ユーザーからの要望を取り入れつつ、開発リソースの適正化を図るため、エンジニアチームと機能スコープについて議論しています。開発時間と複雑さの限界を探るための10の質問を作成してください。合意に至らない場合の代替案も提示してください。最後に、プロダクト品質やスケジュールを犠牲にすることなくコミットできる機能の最大の複雑度を決定する手助けをしてください。

複数のプロダクトイニシアチブにおけるリソース配分交渉

各部門のリーダーたちと、複数のプロダクト間のリソース配分について交渉しています。理想的な結果は、プロダクトXの戦略目標を達成するために必要な人員と予算を確保することです。相手の優先順位と制約を明らかにする10の質問を作成してください。合意に至らない場合の代替案を提供してください。最後に、他のプロジェクトを危険にさらすことなく、プロダクトの成功に必要な最小限のリソース配分を決定する手助けをしてください。

給与と求人交渉

プロダクトマネージャー職の給与と求人条件について交渉する準備をしています。自分の経験とチームへの貢献に見合った報酬パッケージを確保することを目指しています。会社の給与帯と福利、非給与条件の柔軟性などを理解するための10の質問を作成してください。提示された基本給が期待に添わない場合に提案できる福利厚生の代替案一覧を作成してください。最後に、パッケージ全体を考慮に入れても魅力的なオファーとなる最低限の受け入れ可能な給与額を決定する手助けをしてください。

キャリアプランニングと求職

キャリアパス探索

テクノロジー業界におけるプロダクトマネージャーの典型的なキャリアパス、主要なマイルストーン、ピボットの概要を示してください。

> 自分がもっているスキルセットをプロダクトマネジメントで活用する際の、具体例一覧を作成してください。

履歴書とカバーレターの作成

> プロダクト成長における経験と、クロスファンクショナルなチームにおけるリーダーシップでの成功を強調する履歴書を作成してください。

> 私の専門知識をもつシニアプロダクトマネージャーのポジションに合わせて、企業のミッションと一致するカスタマイズされたカバーレターを作成してください。

求人マッチングとスキルギャップ分析

> 私のプロダクトマネジメントスキルと経験を、現在のSaaS業界の求人情報と照らし合わせてください。

> 会社Xのプロダクトリードの役割の求人内容と私の現在のスキルを分析し、必要な修正点を特定してください。

面接準備

> リモートチームの管理とプロダクトのスケーリングに関する質問に焦点を当てた、プロダクトマネージャー職の模擬面接を実施してください。

面接官に対して、組織におけるプロダクトマネージャー職の戦略的重要性を把握するための質問リストを作成してください。

パーソナルブランディング

AIを活用したプロダクトマネジメントにおける専門知識と、人間中心設計への情熱をまとめた自分ならではのメッセージを、簡潔でインパクトのある文章に仕上げてください。

プロダクトマネジメントとUI／UXにおける思想的リーダーシップを発揮する、魅力的なコンテンツアイデアを複数提案してください。業界の最新トレンド分析、具体的な事例を用いた実践的なヒント、論争を促すような考察など、私の専門知識と洞察力を活かした記事を作成したいです。

求職のためのネットワーキング

業界内で活躍するキーパーソンをリストアップしてください。プロダクトマネジメントの最新動向やキャリアアドバイスなどについて情報収集のためのインタビューを依頼したいです。

プロフェッショナルネットワーク上で、私のイノベーションへの関心とコラボレーションへの意欲をアピールするテンプレートを作成してください。

企業文化との適合性の理解

> 企業文化やプロダクトチームの働き方、イノベーションを促す環境づくりなどについて理解を深めるための質問リストを作成してください。

感情面のサポート

> 求職活動における挫折や、連絡の取れない人への対応など、精神的な負担を感じる場面でのストレスマネジメント方法や、モチベーションを維持するためのポジティブ思考のテクニックを教えてください。

　これらのポイントを踏まえ、生成AIを活用しながら、キャリア構築に必要なスキルやマインドセットを向上させていきましょう。

コラボレーションと生産性向上のための生成AI活用例

　生成AIは、プロダクトマネージャーのさまざまな業務においてコラボレーションを促進し、生産性を向上させる強力なツールです。以下はその具体的な活用例です。

アイデア生成とブラッシュアップ

　さまざまなチームメンバーからの意見を統合し、アイデアを幅広く生成したり、既存のアイデアを洗練させたりできるので、すべてのメンバーの声が考慮され、最良のアイデアを追求できるようになります。

会議の円滑化

　異なる時間帯での会議のスケジュール設定、チームの目標に基づいた議題の作成、議事録とアクションの作成を行えるので、すべてのチームメンバーが目標に目線を合わせられるようになります。

チーム内の対立解決

　チーム間のコミュニケーションやフィードバックを分析して、潜在的な対立や誤解を早期に特定し、解決方法を提案できます。これにより、調和のとれた生産的なチーム環境を維持できます。

ドキュメントコラボレーション

　コンテンツの提案、リアルタイムでの編集、バージョン管理による共同執筆を実現できるので、共同提案、レポート、プレゼンテーションの作成プロセスが効率化されます。

コミュニケーションの強化

　地理的に分散しているチームの場合、リアルタイムでコミュニケーションを翻訳でき、言語の壁を越えて効果的にコラボレーションできるようになります。

プロジェクト管理

　チームメンバーのスキルと作業量に基づいたタスクの割り当て、プロジェクトのタイムライン予測、計画通りにチームを進めるための調整提案を行えます。

自動レポート生成

　日々の指標と進捗レポートを迅速に集計し、分析と戦略計画のための時間を節約できます。

メール管理

メールの下書き、分類、優先順位づけを任せて、重要度の高いコミュニケーションに集中できます。

新しい知識とスキルの習得

関連情報をキュレーションして要約し、学習スタイルに合った理解しやすいガイドや練習問題を生成AIに作成させることで、新しいスキルをより早く習得できるようになります。

生成AIを活用することで、プロダクトマネージャーはコラボレーションを強化し、より効率的に業務を進められるようになります。ただし、AIが生成した内容を鵜呑みにするのではなく、つねに人間が判断し、場合によっては修正を加えてください。

AIとの共存とプロダクトマネージャーとしての飛躍

私たちの生活のあらゆる場面にAIが浸透しつつある中、プロダクトマネージャーは人間ならではの創造性とAIの分析力を融合させるというパラダイムシフトの最前線にいます。この変革の中で成功を収めるためには、AIのトレンドを深く理解し、つねに自らをベータ版としてとらえ、進化し続ける姿勢が欠かせません。

プロダクトマネージャーには、AIを活用して自分のスキルセットを強化し、感情的知性（EQ）や創造性、そして専門知識を融合させ、人々に響くプロダクトを生み出す使命があります。AIの台頭による雇用市場の変動を先見性と適応力で乗り越えられたなら、プロダクトマネージャーはより重要な役割となるでしょう。

　AI時代のプロダクトマネージャーにとって、これからの道のりは、継続的な学習と戦略的なキャリアプランニングが不可欠です。AIの進歩に敏感になり、目標を調整し続けることで、避けられない業界の変化に備えられるようになります。

　この変化を受け入れ、AIを活用してスキルを向上できれば、プロダクトマネージャーとしてイノベーションへの道を切り開くことができるでしょう。

　人間とAIが協力して、プロダクトマネジメントの可能性を広げる新たな1ページを皆さんが記す瞬間を、著者として心待ちにしています。

付録1　AIを理解するための基礎用語

人工知能（AI：Artificial Intelligence）

　人工知能（AI）とは人間の思考や行動を模倣して、推論、学習、自律行動ができるシステムを構築することに焦点を当てた技術やコンピュータサイエンスの分野のことを指します。

機械学習（ML：Machine Learning）

　機械学習はAIの一分野で、データから学習して、明示的にプログラムされなくても予測を行うことができるシステムです。

深層学習（Deep Learning）

　深層学習は機械学習の一種で、人間の脳に触発された人工ニューラルネットワークを利用して複雑なパターンを処理します。

教師あり学習（Supervised Learning）

　教師あり学習は、ラベルづけされたデータを使用して過去の事例から学習し、将来の帰結を予測する手法です。

教師なし学習（Unsupervised Learning）

　教師なし学習は、ラベルづけされていないデータからパターンを特定する手法です。

強化学習（Reinforcement Learning）

　強化学習は、環境内での行動の結果として得られる報酬またはペナルティから学習する手法です。

人間からのフィードバックによる強化学習
（RLHF：Reinforcement Learning from Human Feedback）

　RLHFは、報酬や比較などの強化学習と人間のフィードバックを組み合わせてトレーニングする機械学習の手法です。

転移学習（Transfer Learning）

　転移学習は、あるタスクを解決するために得た知識を別の関連タスクのパフォーマンス向上に再利用する機械学習の手法です。

微調整（Fine-Tuning）

　微調整は、事前学習されたAIを特定のタスクに適合させるために、タスク専用のデータセットで引き続き学習させることです。

プロンプティング（Prompting）

　プロンプティングは、とくに言語生成AIなどの機械学習モデルに特定の入力情報を提供して出力を誘導する行為です。

生成AI（Generative AI）

　深層学習に根ざした生成AIは、学習データに基づいてテキストから画像まで、新しいコンテンツを作成します。

生成モデルと識別モデル
（Generative Models, Discriminative Models）

　生成モデルは学習済みの分布から新しいデータインスタンスを生成します。識別モデルはデータラベルを分類または予測します。識別モデルは機械学習モデルの一種であり、教師あり機械学習のタスクによく使用され、生成モデルよりも計算コストが安価です。深層学習モデルは、識別モデル、生成モデル、または両方のアプローチを組み合わせたハイブリッドモデルになることがあります。

付録2　仮説検証の詳細なプロセスと方法

　仮説検証は、一般的に私たちの仮説が現実世界で成り立つかどうかをテストするために情報とデータを収集しながら行うものです。ユーザーと市場に対する理解を深めるのに役立ちます。複雑な技術とユニークなユーザーとのやりとりが絡む生成AIでは、仮説検証はより繊細な取り組みになります。

望ましさ（需要性）の検証

　望ましさ（需要性）の検証とは、仮説検証においてプロダクトやサービスが市場で本当に必要とされているかどうかを確認することです。潜在的な需要を理解するために市場調査、ユーザーインタビュー、調査やアンケートの実施などが行われます。生成AIプロダクトの場合、ユーザーがAIで生成したコンテンツの価値やその受け入れやすさについてどう感じているかを知るために、そのコンテンツのプロトタイプをつくってフィードバックを得る必要があります。望ましさの検証によく用いられる手法には以下があります。

市場調査

　プロダクトに対する需要を理解し、ターゲットを特定し市場トレンドを分析するために、包括的な市場調査を実施します。ユーザーの嗜好、行動、当該プロダクトに対する支払い意欲に関するデータを集めます。生成AIプロダクトの場合、AI分野のトレンド、ソリューションに対する消費者の嗜好、市場における同様のAIプロダクトの成功と失敗事例の研究なども含まれます。

ユーザーインタビュー

　潜在ユーザーに個別インタビューを行います。プロトタイプを提示しざっくばらんに質問をして定性的なフィードバックを集めます。ユーザーの反応や期待、改善のための意見を探りつつ、仮説を検証しながらユーザーの望ましさについて理解します。

調査とアンケート

　ユーザーの生成AIコンテンツに対する認識、好み、期待を把握するための調査やアンケートを作成します。リッカート尺度質問、択一式質問、オープンエンドの質問を含めて、望ましさに関する定量データと定性データを集めます。

低忠実度ワイヤーフレーム

　プロダクトのレイアウトと機能を視覚化し、生成AIからの潜在的な出力を提示するために、低忠実度ワイヤーフレームやモックアップを作成します。迅速な反復と初期段階での潜在ユーザーからのフィードバックを得られます。

インタラクティブプロトタイプ

　Figma、Adobe XDなどのツールを使って、プロダクトのユーザー体験と機能を想定するインタラクティブなプロトタイプをつくります。ユーザーにプロトタイプを使ってもらい、全体的なフローと使いやすさについてのフィードバックを得ます。

ビジネスとしての実現可能性の検証

　ビジネスとしての実現可能性の検証とは、市場規模、コスト見積り、財務モデリングなどを行い、ビジネスの持続可能性を評価することです。生成AIプロダクトの場合、データや計算にかかるコストを考慮するこ

とが不可欠です。実現可能性を検証するための一般的な方法は以下の通りです。

市場規模の分析

　収益または販売単位数で、ターゲット市場の潜在的な規模などを分析します。生成AIプロダクトの場合、潜在的なユーザー数や販売または使用される可能性のある生成AIコンテンツの量を推定することが含まれることもあります。

競合分析

　既存の直接・間接的な競合他社の競争状況を分析し、競合他社の強みと弱みを評価し、プロダクトの市場シェアと潜在的な差別化ポイントを決定します。

コスト見積り

　プロダクトの開発、導入、維持にかかるコストなどを見積もります。生成AIプロダクトの場合、データ収集、計算リソース、モデル開発、維持にかかるコストなどが含まれる可能性があります。

価格実験

　価格実験や調査を実施してユーザーの価格感度を理解し、最適な価格戦略を決定します。一括購入、サブスクリプション、フリーミアムモデルなど、さまざまな価格モデルをテストして、ユーザーの好みと収益の可能性を評価します。

財務モデリング

　ユーザー獲得、維持率、価格設定の仮説に基づいて、潜在的な収益を予測する財務モデルを開発します。ビジネスモデルの持続可能性と収益性を評価するために、さまざまなシナリオを検討します。生成AIプロ

ダクトの場合、財務モデルは、AI生成コンテンツの販売または使用からの潜在的な収益を評価し、関連コストと比較する際に用います。

技術の実現可能性の検証

技術の実現可能性の検証とは、プロトタイプ作成と技術調査を行い、プロダクトが利用可能な技術で構築できるかどうかをテストすることです。生成AIの領域では、期待通りのコンテンツを生成可能か把握するために、初期のAIモデルを開発してトレーニングすることが検証に含まれる場合もあります。

たとえば、生成AI音楽アプリの実現可能性を検証するには、現在の技術状況、データの可用性、技術専門知識、プロダクトマネジメントに必要なリソースを評価する必要があります。以下、生成AI音楽アプリを例に解説します。

AI技術の可用性と成熟度

技術の実現可能性の検証における最初のステップは、パーソナライズされた音楽を生成するための必要なAI技術が存在し、商用利用にあたって成熟しているかどうかを評価することです。これには、音楽生成AIの最先端技術を調査し、学術論文を調べ、既存モデルのパフォーマンスと限界を評価することが含まれます。

データの可用性とアクセス

生成AIは通常、トレーニングに大量のデータが必要です。音楽生成AIの場合、さまざまなジャンルとスタイルを代表する多種多様な高品質の音楽データが必要になります。このようなデータへのアクセス権があるかどうか、データの品質が高いかどうか、使用に関して法的制限がないかどうかを検討する必要があります。

AIのトレーニングと評価

　生成AIのトレーニングは、計算能力と時間の両方でリソースを大量に消費します。必要なハードウェアまたはクラウドインフラへのアクセス権があるかどうかを評価します。さらに、生成AIのパフォーマンスを評価し、音楽的に心地よい多様な出力があるかどうか確認するための適切な指標を確立する必要があります。

既存システムとの統合

　生成AIが、ユーザーがAIで生成した音楽を配信するためにさまざまなプラットフォームとの統合が必要だと仮定すると、その技術的要件と制限を考慮する必要があります。これには、API、データ共有契約、セキュリティなどが含まれます。

UI／UXデザイン（低忠実度プロトタイプ）

　生成AIはAIベースのアプリケーションですが、ユーザーインターフェース（UI）とユーザー体験（UX）がユーザー受け入れに重要な役割を果たします。UI／UXデザインは、ユーザーがAIと簡単に連携し、出力を理解し、生成された音楽に望んだ通りの調整を加えることができるようにする必要があります。

スケーラビリティ

　生成AIプロダクトは作業量が増加しても適切に処理できるように設計する必要があります。この設計には、将来より多くのユーザー、より多くの音楽トラック、より複雑なAIモデルに対応できるようにすることが含まれます。

運用保守と継続学習

　生成AIプロダクトには、継続的な学習とユーザーフィードバックに基づく、定期的な更新と改善が必要です。そのための仕組みを、技術設

計に含める必要があります。

データプライバシーとセキュリティ

　ユーザーデータが安全にあつかわれ、規制（GDPRなど）に準拠していることを保証する必要があります。データ保全と処理のための安全なシステムを用意する必要があり、これらは技術の実現可能性として設計とテストを行う必要があります。

　包括的な実現可能性を検証することで、プロダクトチームはプロダクトマネジメントのプロセスの初期段階で技術的な課題や制約を特定し、プロダクトアイデアへの投資の可否を判断できるようになります。これはプロダクト成功のための意思決定に欠かせない要素です。

使いやすさの検証

　使いやすさの検証は、ユーザビリティテストとリサーチを行うプロセスです。生成AIプロダクトにおいては、UIが直感的に操作できるだけでなく、生成されたコンテンツもユーザーにとって理解しやすく、活用しやすいものでなければなりません。使いやすさを検証するための一般的な手法としては以下があります。

ユーザビリティテスト

　ユーザーにプロダクトを使ってタスクを完了してもらい、観察者がその様子を観察してメモを取る方法です。目的は、使いやすさの問題を特定し、ユーザーのパフォーマンスに関する定量データ（タスク完了にかかった時間、エラー率など）を収集し、プロダクトに対するユーザーの満足度を判断することです。

　生成AIプロダクトの場合、UIだけでなく、提示された文脈において、ユーザーにとって理解しやすく、有用なものかどうか、つまり生成されたコンテンツの使いやすさもテストすることが重要です。

ヒューリスティック評価

　ヒューリスティック評価は、使いやすさを評価する方法のひとつです。代表的なヒューリスティック項目には、ヤコブ・ニールセン（Jakob Nielsen）の提唱した「10のユーザビリティ原則」などがあります。こうした評価項目（ヒューリスティック）を用いてUIを分析します。ヒューリスティック評価は、デザインプロセスの初期段階で、UIデザインにおけるユーザビリティの問題を迅速かつ簡単に発見するために有効な手段です。

倫理的仮説の検証

　倫理的仮説の検証には、リスク分析、倫理指針の検討、場合によっては倫理学者や法律家への相談が含まれます。生成AIプロダクトでは、コンテンツの悪用を防ぎ、データプライバシーとデータ利用に対する同意に関する懸念に対処する必要があります。以下は倫理的仮説を検証するための主な手法です。

倫理的リスクアセスメント

　プロダクトに関連する潜在的な倫理的リスクを特定して評価します。これには、データの悪用からプロダクトのより広範な社会的な影響まで広範囲にわたります。生成AIプロダクトの場合、システムが不適切なコンテンツを生成する可能性、コンテンツが知的財産権に与える影響、コンテンツが悪用されて詐欺行為が行われるリスクなどを考慮します。

プライバシー影響評価（PIA）

　PIA は、個人情報の収集、使用、開示に関連する潜在的なプライバシーリスクを特定するために用いられる体系的なプロセスです。生成AIプロダクトの場合、AIが機能するために必要なデータとそのデータの保護方法を評価することが含まれます。とくにAIが適切な同意なしに個

人情報や機密データを学習しないようにすること、生成されたデータも保護されるようにすることが重要です。

インクルーシブデザインの確認

インクルーシブデザインは、可能な限り多くの人がプロダクトにアクセスでき、使用できるようにすることを目指すものです。生成AIプロダクトの場合、AIが異なるユーザーグループ間で使いやすいものであるかどうかを検討します。生成AIアプリを作成する場合、アプリは西洋の音楽の嗜好にのみ対応しているのか、それとも他の文化の音楽も同様に作成できるのかを検討する必要があります。

バイアスと公平性の監査

バイアスと公平性の監査は、プロダクトのデザインや機能に潜む潜在的なバイアスを発見し、対処することが目的です。生成AIプロダクトにおいて、これらのバイアスはとくに悪質なものになりえます。トレーニングデータに埋め込まれると生成AIコンテンツに影響を与える可能性があるからです。バイアスの監査では、公平性を確保するために、トレーニングデータと生成コンテンツの両方について調査を行います。

ステークホルダーとの協議

幅広いステークホルダーと関わることで、さまざまな視点を得ることができ、見落とされていた倫理的な問題を発見できます。生成AIプロダクトの場合は、ユーザーグループ、法律家、倫理学者、行政担当者などさまざまな人たちと協議すれば、生成AIコンテンツに対する異なる見解を知ることができるでしょう。

謝辞

　本書の著者として、このプロジェクトの成功に貢献してくれた個人とコミュニティに心からの感謝の意を表します。

　まず、家族の絶え間ない忍耐と励ましに感謝しなければなりません。彼らの揺るぎないサポートは、私たちがこの知的探求を遂行する礎となりました。

　Jia Li によるまえがきとアドバイスに感謝の意を表します。彼のサポートが私たちの旅には不可欠でした。また、Tamar Yehoshua、Amit Fulay、Ravi Mehta、Rob C. Wolcott、Jennifer Liu、Dr. Yangqing Jia、Laura Marino、Robert Dong、Dr. Marily Nika、Xing Yao、Tony Beltramelli、Raphael Leiteritz、Erica Van、Piyush Gupta、Phyl Terry、KAI Yang、Bill Sun、Lewis Lin、Robbie Kellman Baxter、Pulkit Agrawal の価値ある支援に心より感謝いたします。彼らの貴重推薦が、私たちの仕事の幅とインパクトを大きく広げてくださいました。

　感謝の意を表したいのは、Generative AI PM Learning Series に貴重なインサイトを提供してくださったリーダーの皆さんです。Tamar Yehoshua、Amit Fulay、Ravi Mehta、Rob C. Wolcott、Jennifer Liu、Dr. Yangqing Jia、Laura Marino、Robert Dong、Dr. Marily Nika、Xing Yao、Tony Beltramelli、Raphael Leiteritz、Erica Van、Piyush Gupta、Phyl Terry、Kai Yang、Bill Sun、Lewis Lin、Robbie Kellman Baxter、Pulkit Agrawal です。彼らが参加してくれたことで、議論の深さと幅が豊かになりました。

　私たちは、友人である Elena Chen、Priya Matthew Badger、Linsey Liu、Piyush Gupta にも深く感謝しています。Priya によるインサイトに富んだレビューは非常に貴重であり、Piyush は日曜日の時間を惜しみなく割いて私たちの大規模言語モデルへの理解を深めてくれました。彼らのメンタル面でのサポートと本書へのフィードバックは、私たちにとって勇気とインスピレーションを与えてくれました。AGI House 主催者の Jeremy Nixon と Rocky Yu には、執筆を始めるためのスペース、ツール、AI コミュニティを提供していただき、大変感謝しています。

　Mike Edmonds、Dhaval Bhatt、Raymond Lee、Tony Wasserman、Hans-Bernd

Kittlaus には、コンテンツを共有するためのプラットフォームを提供していただき、深く感謝しています。ノースウェスタン大学でのゲスト講義、AI Insights Summit 2023、International Software Product Management (ISPM) Summit 2023 への参加は、多様な参加者と関係性を築く貴重な機会となり、私たちと参加者の双方にとってかけがえのない経験となりました。

　初めて本を執筆する著者を出版の世界に導いてくれた Matt Wagner に感謝します。また、Humane の法律顧問である Dawei Liu からのアドバイスと、出版に関わる法的問題を乗り越えるうえで貴重な教えを提供してくださった Kai Yang にも感謝します。編集者の Sheeva Azma には、厳しいスケジュールの中で本書の編集をしてくださったことに感謝します。

　Jaryd Hermann には、彼の Canva のケーススタディーと PLG iceberg framework を本書で使用することを許可してくださったことに感謝します。彼のニュースレター「How They Grow」はプロダクトグロースに関する優れたリソースであり、深い分析と知恵が提供されているため、おすすめします。また、Marily Nika の Maven 上での AI PM Bootcamp にも感謝します。本書の知識を仕事に活用するために、すべてのプロダクトマネージャー に彼女のコースを受講することをおすすめします。

　最後に、世界中の AI の熱狂的な支持者、プロダクトマネージャー、テクノロジストのコミュニティに感謝します。彼らの日々のイノベーションと挑戦は、絶え間ないインスピレーションの源です。本書は生成 AI の進化する世界を渡り歩くためのさまざまな知恵と経験を反映したものとなりました。

　本書は単に私たちが制作したものではなく、また文中で言及している人たちだけのものでもなく、言及されていない多くの人たちの貢献によって、より豊かなものになった知恵の集積です。この旅路に参加してくださり、本当にありがとうございました。

参考文献

1. Oxford Reference, "artificial intelligence," Accessed November 26, 2023, https://www.oxfordreference.com/display/10.1093/oi/authority.20110803095426960.
2. Josh Wardini and Ivailo Ivanov, "101 Artificial Intelligence Statistics [Updated for 2023]," TechJury, July 26, 2023, https://techjury.net/blog/ai-statistics/.
3. Pega, "What Consumers Really Think About AI," Accessed November 26, 2023, https://www1.pega.com/system/files/resources/2017-11/what-consumers-really-think-of-ai-infographic.pdf.
4. "History of artificial intelligence," Wikipedia, Accessed November 27, 2023, https://en.wikipedia.org/wiki/History_of_artificial_intelligence.
5. "File:Wartime picture of a Bletchley Park Bombe.jpg," Wikimedia, Accessed November 26, 2023, https://commons.wikimedia.org/wiki/File:Wartime_picture_of_a_Bletchley_Park_Bombe.jpg.
6. "Brief Academic Biography of Marvin Minsky," MIT, Accessed November 26, 2023, https://web.media.mit.edu/~minsky/minskybiog.html.
7. Thejaswin S, "AI: THE NEXT GENERATION," Medium, Accessed November 26, 2023, https://medium.com/@thejas2002/ai-the-next-generation-bc3b9e22b6e9.
8. "File:Unimate pouring coffee for a woman at Biltmore Hotel, 1967.jpg," Wikimedia, Accessed November 26, 2023, https://commons.wikimedia.org/wiki/File:Unimate_pouring_coffee_for_a_woman_at_Biltmore_Hotel,_1967.jpg.
9. "https://commons.wikimedia.org/wiki/File:ELIZA_conversation.png," Wikimedia, Accessed November 26, 2023, https://commons.wikimedia.org/wiki/File:ELIZA_conversation.png.
10. "Shakey the Robot," Defense Advanced Research Projects Agency, Accessed November 26, 2023, https://www.darpa.mil/about-us/timeline/shakey-the-robot.
11. "Shakey," Computer History Museum, Accessed November 26, 2023, https://www.computerhistory.org/revolution/artificial-intelligence-robotics/13/289.
12. "File:Deep Blue.jpg," Wikimedia, Accessed November 26, 2023, https://commons.wikimedia.org/wiki/File:Deep_Blue.jpg.
13. "File:AIfor GOOD Global Summit (35173300465).jpg," Wikimedia, Accessed November 26, 2023, https://commons.wikimedia.org/wiki/File:AI_for_GOOD_Global_Summit_(35173300465).jpg.
14. Bergur Thormundsson, "Adoption rate for major milestone internet-of-things services and technology in 2022, in days," Statista, Jan 30, 2024, https://www.statista.com/statistics/1360613/adoption-rate-of-major-iot-tech/.
15. Seth Baum, "2020 Survey of Artificial General Intelligence Projects for Ethics, Risk, and Policy," Global Catastrophe Risk Institute, December 31, 2020, https://gcrinstitute.org/2020-survey-of-artificial-general-intelligence-projects-for-ethics-risk-and-policy/.
16. "Generative AI to Become a $1.3 Trillion Market by 2032, Research Finds," Bloomberg, June 01, 2023, https://www.bloomberg.com/company/press/generative-ai-to-become-a-1-3-trillion-market-by-2032-research-finds/.
17. Martin Casado and Sarah Wang, "The Economic Case for Generative AI and Foundation Models," Andreessen Horowitz, August 3, 2023, https://a16z.com/the-economic-case-for-generative-ai-and-foundation-models/.
18. Matt Bornstein, Guido Appenzeller, and Martin Casado, "Who Owns the Generative AI Platform?," Andreessen Horowitz, January 19, 2023, https://a16z.com/who-owns-the-generative-ai-platform/.
19. Kelvin Mu, LinkedIn, Accessed November 26, 2023, https://www.linkedin.com/posts/kelvinmu_artificialintelligence-generativeai-startups-activity-7043394287820017664-DLuy/.
20. Palak Goel, Jon Turow and Matt McIlwain, "The Generative AI Stack: Making the Future Happen Faster," Madrona, June 1, 2023, https://www.madrona.com/the-generative-ai-tech-stack-market-map/.
21. Palak Goel, Jon Turow and Matt McIlwain, "The Generative AI Stack: Making the Future Happen Faster," Madrona, June 1, 2023, https://www.madrona.com/the-generative-ai-tech-stack-market-map/.
22. Akash Takyar, "GENERATIVE AI: A COMPREHENSIVE TECH STACK BREAKDOWN," LeewayHertz, Accessed November 26, 2023, https://www.leewayhertz.com/generative-ai-tech-stack/
23. "The Generative AI Market Map: 335 vendors automating content, code, design, and more," CBInsights, July 12, 2023, https://www.cbinsights.com/research/generative-ai-startups-market-map/.
24. Sudowrite, Accessed November 26, 2023, https://www.sudowrite.com/.
25. Verb.ai, Accessed November 26, 2023, https://verb.ai/.
26. Copy.ai, Accessed November 26, 2023, https://www.copy.ai/.
27. Lavender.ai, Accessed November 26, 2023, https://www.lavender.ai/.
28. Viable, Accessed November 26, 2023, https://www.askviable.com/.
29. Otter.ai, Accessed November 26, 2023, https://otter.ai/.
30. Midjourney, Accessed November 26, 2023, https://midjourney.com/.
31. Stable Diffusion, Accessed November 26, 2023, https://stablediffusionweb.com/.
32. Adobe Firefly, Accessed November 26, 2023, https://www.adobe.com/sensei/generative-ai/firefly.html.
33. Lightricks, Accessed November 26, 2023, https://www.lightricks.com/.

34.   Descript, Accessed November 26, 2023, https://www.descript.com/.
35.   Runway, Accessed November 26, 2023, https://runwayml.com/.
36.   Synthesia, Accessed November 26, 2023, https://www.synthesia.io/.
37.   BHuman, Accessed November 26, 2023, https://www.bhuman.ai/.
38.   Lensa, Accessed November 26, 2023, https://lensa-ai.com/.
39.   Soul Machines, Accessed November 26, 2023, https://www.soulmachines.com/.
40.   Kinetix, Accessed November 26, 2023, https://www.kinetix.tech/.
41.   Flawless, Accessed November 26, 2023, https://www.flawlessai.com/.
42.   Boomy, Accessed November 26, 2023, https://boomy.com/.
43.   Riffusion, Accessed November 26, 2023, https://www.riffusion.com/.
44.   Resemble.ai, Accessed November 26, 2023, https://www.resemble.ai/.
45.   Metaphysic, Accessed November 26, 2023, https://www.metaphysic.ai/.
46.   Perplexity.ai, Accessed November 26, 2023, https://www.perplexity.ai/.
47.   You.com, Accessed November 26, 2023, https://you.com/.
48.   Consensus, Accessed November 26, 2023, https://consensus.app/.
49.   Twelve Labs, Accessed November 26, 2023, https://twelvelabs.io/.
50.   Dropbox Team, "Introducing Dropbox Dash, AI-powered universal search, and Dropbox AI," June 21, 2023, https://blog.dropbox.com/
       topics/product/introducing-AI-powered-tools.
51.   Glean, Accessed November 26, 2023, https://www.glean.com/.
52.   Tome, Accessed November 26, 2023, https://tome.app/.
53.   Beautiful.ai, Accessed November 26, 2023, https://beautiful.ai/.
54.   Canva Magic Write, Accessed November 26, 2023, https://www.canva.com/magic-write/.
55.   Microsoft Designer, Accessed November 26, 2023, https://designer.microsoft.com/.
56.   Galileo AI, Accessed November 26, 2023, https://www.usegalileo.ai/.
57.   Magician for Figma, Accessed November 26, 2023, https://magician.design/.
58.   Uizard, Accessed November 26, 2023, https://uizard.io/design-assistant/.
59.   Monterey AI, Accessed November 26, 2023, https://www.monterey.ai/.
60.   Coldreach.ai, Accessed November 26, 2023, https://coldreach.ai/.
61.   Intently.ai, Accessed November 26, 2023, https://www.getintently.ai/.
62.   Regie.ai, Accessed November 26, 2023, https://www.regie.ai/.
63.   Twain, Accessed November 26, 2023, https://www.twain.ai/.
64.   Second Nature, Accessed November 26, 2023, https://secondnature.ai/.
65.   Walnut, Accessed November 26, 2023, https://www.walnut.io/.
66.   Sameday.AI, Accessed November 26, 2023, https://www.gosameday.com/.
67.   Cresta, Accessed November 26, 2023, https://cresta.com/.
68.   Ada, Accessed November 26, 2023, https://www.ada.cx/.
69.   ASAPP, Accessed November 26, 2023, https://www.asapp.com/.
70.   Birch AI, Accessed November 26, 2023, https://birch.ai/.
71.   Dialpad, Accessed November 26, 2023, https://www.dialpad.com/.
72.   Forethought, Accessed November 26, 2023, https://forethought.ai/.
73.   Observe.ai, Accessed November 26, 2023, https://www.observe.ai/.
74.   OpenDialog, Accessed November 26, 2023, https://opendialog.ai/.
75.   Harvey, Accessed November 26, 2023, https://www.harvey.ai/.
76.   Spellbook, Accessed November 26, 2023, https://www.spellbook.legal/.
77.   Casetext, Accessed November 26, 2023, https://casetext.com/.
78.   Truewind, Accessed November 26, 2023, https://www.truewind.ai/.
79.   Kick, Accessed November 26, 2023, https://kick.co/.
80.   Effy AI, Accessed November 26, 2023, https://www.effy.ai/.
81.   OnLoop, Accessed November 26, 2023, https://www.onloop.com/.
82.   Paradox, Accessed November 26, 2023, https://www.paradox.ai/.
83.   Poised, Accessed November 26, 2023, https://www.poised.com/.
84.   "AI Writing Assistance," Grammarly, Accessed November 26, 2023, https://www.grammarly.com/grammarlygo.
85.   "Khanmigo Education AIGuide," Khan Academy, Accessed November 26, 2023, https://www.khanacademy.org/khan-labs.
86.   Bernard Marr, "10 Amazing Real-World Examples Of How Companies Are Using ChatGPT In 2023," Forbes, May 30, 2023, https://www.
       forbes.com/sites/bernardmarr/2023/05/30/10-amazing-real-world-examples-of-how-companies-are-using-chatgpt-in-2023/.
87.   Aisha Malik, "Duolingo launches new subscription tier with access to AI tutor powered by GPT-4,"Tech Crunch, March 15, 2023, https://
       techcrunch.com/2023/03/14/duolingo-launches-new-subscription-tier-with-access-to-ai-tutor-powered-by-gpt-4/.
88.   Practica. Accessed November 26, 2023, https://practicahq.com/learn.
89.   Anne Lee Skates, "Five Predictions for the Future of Learning in the Age of AI," Andreessen Horowitz, https://a16z.com/2023/02/08/the-

future-of-learning-education-knowledge-in-the-age-of-ai/.

90.   Inflection, Accessed November 26, 2023, https://inflection.ai/.

91.   Replika, Accessed November 26, 2023, https://replika.ai/.

92.   character.ai, Accessed November 26, 2023, https://beta.character.ai/.

93.   Woebot Health, Accessed November 26, 2023, https://woebothealth.com/.

94.   Wysa, Accessed November 26, 2023, https://www.wysa.com/.

95.   Meeno, Accessed November 26, 2023, https://amorai.co/.

96.   Lilian Weng, "LLM Powered Autonomous Agents," Lil'Log, June 23, 2023, https://lilianweng.github.io/posts/2023-06-23-agent/.

97.   Kenn So, "How to create a mind," Generational, July 22, 2023, https://www.generational.pub/p/how-to-create-a-mind.

98.   Kenn So, "How to create a mind," Generational, July 22, 2023, https://www.generational.pub/p/how-to-create-a-mind.

99.   Jared Spataro, "Introducing Microsoft 365 Copilot – your copilot for work," Microsoft, March 16, 2023, https://blogs.microsoft.com/blog/2023/03/16/introducing-microsoft-365-copilot-your-copilot-for-work/.

100. Eirini Kalliamvakou, "Research: quantifying GitHub Copilot's impact on developer productivity and happiness," GitHub, https://github.blog/2022-09-07-research-quantifying-github-copilots-impact-on-developer-productivity-and-happiness/.

101. "Automated Transcription by Sonix.ai," Zoom App Marketplace, Accessed November 26, 2023, https://marketplace.zoom.us/apps/0-E6DKYbTfKhGwzoK3Amwg.

102. "Salesforce Announces Einstein GPT, the World's First Generative AI for CRM," Salesforce, March 6, 2023, https://www.salesforce.com/news/press-releases/2023/03/07/einstein-generative-ai/.

103. Adobe Sensei, Accessed November 26, 2023, https://www.adobe.com/sensei.html.

104. Asana, Accessed November 26, 2023, https://asana.com/sv/product/ai.

105. Adept, Accessed November 26, 2023, https://www.adept.ai/.

106. Cogram, Accessed November 26, 2023, https://www.cogram.com/.

107. Sembly AI, Accessed November 26, 2023, https://www.sembly.ai/.

108. the Gist, Accessed November 26, 2023, https://www.thegist.ai/.

109. Wenlong Huang et al., "VoxPoser: Composable 3D Value Maps for Robotic Manipulation with Language Models," VoxPoser, Accessed November 26, 2023, https://voxposer.github.io/voxposer.pdf.

110. 1X, Accessed November 26, 2023, https://www.1x.tech/.

111. "AI& Robotics," Tesla, Accessed November 26, 2023, https://www.tesla.com/AI.

112. Roose, Kevin, 2023. "Silicon Valley Confronts a Grim New A.I.Metric." The New York Times, December6, 2023, sec. Business. https://www.nytimes.com/2023/12/06/business/dealbook/silicon-valley-artificial-intelligence.html?mwgrp=a-bdar&hpgrp=c-abar&smid=url-share

113. Roose, Kevin, 2023. "Silicon Valley Confronts a Grim New A.I.Metric." The New York Times, December6, 2023, sec. Business. https://www.nytimes.com/2023/12/06/business/dealbook/silicon-valley-artificial-intelligence.html?mwgrp=a-bdar&hpgrp=c-abar&smid=url-share

114. Allen, Hugh. n.d. "Dealbook Summit 2023 Elon Musk Interview Transcript"Rev Blog. https://www.rer.com/blog/transcripts/dealbook-summit-2023-elon musk-interview-transcript

115. Jaryd Hermann, "How Intercom Grows," Medium, November 22, 2022, https://uxplanet.org/how-intercom-grows-e15fbfea6354.

116. Barak Turovsky, "Framework for evaluating Generative AI use cases," LinkedIn, February 1, 2023, https://www.linkedin.com/pulse/framework-evaluating-generative-ai-use-cases-barak-turovsky/.

117. Torres, Teresa.2023. "Assumption Testing: Everything You Need to Know to Get Started." Product Talk. October 18, 2023. http://www.producttalk.org/2023/10/assumption-testing/.

118. Continuous Discovery Habits.2021.Product Talk Llc

119. Joshua Xu, "0 - 1M ARR in 7 months," HeyGen, April 25, 2023, https://www.heygen.com/article/0-1m-arr-in-7-months.

120. Clément Huyghebaert, "Lessons Learned Building Products Powered by Generative AI," Buzzfeed, March 13, 2023, https://tech.buzzfeed.com/lessons-learned-building-products-powered-by-generative-ai-7f6c23bff376.

121. Noah Levin, "AI: The next chapter in design," Figma Blog, June 21, 2023, https://www.figma.com/blog/ai-the-next-chapter-in-design/.

122. "A guide to using prompts in Uizard," Uizard, October 19, 2023, https://uizard.io/blog/guide-to-using-prompts-in-uizard/.

123. "Word Online: 15C: Reporting Inappropriate content," Microsoft HAX Toolkit, May 26, 2023, https://www.microsoft.com/en-us/haxtoolkit/example/word-online-g15-c-reporting-inappropriate-content/.

124. "AI Writing Assistance," Grammarly, Accessed November 26, 2023, https://www.grammarly.com/ai.

125. "Bing Search | G6: Mitigate social biases," Microsoft, Accessed November 26, 2023, https://www.microsoft.com/en-us/haxtoolkit/example/bing-search-g6-mitigate-social-biases/.

126. "Kinetix combines AI and 3D animation to automate user-generated emotes for games," VentureBeat, Accessed November 26, 2023, https://venturebeat.com/games/kinetix.

127. HAX Design Library," Microsoft HAX Toolkit, Accessed November 26, 2023, https://www.microsoft.com/en-us/haxtoolkit/library/.

128. "Google AI Principles," Google AI, Accessed November 26, 2023, https://ai.google/responsibility/principles/.

129. "Responsible AI Grammarly," Grammarly, Accessed November 26, 2023, https://www.grammarly.com/responsible-ai.

130. "The first principles guiding our work with AI," Bill & Melinda Gates Foundation, Accessed November 26, 2023, https://www.gatesfoundation.org/ideas/articles/artificial-intelligence-ai-development-principles.

131. Lindsey Liu, "What makes Inflection's Pi a great companion chatbot," Medium, May 23, 2023, https://medium.com/@lindseyliu/what-makes-inflections-pi-a-great-companion-chatbot-8a8bd93dbc43.

132. Melanie Perkins, "Introducing Magic Studio: the power of AI, all in one place," Canva, October 4, 2023, https://www.canva.com/newsroom/news/magic-studio/.

133. "Search - Consensus," Consensus, Accessed November 26, 2023, https://consensus.app/search/.

134. Netflix Technology Blog, "Artwork Personalization at Netflix," Medium, December 7, 2017, https://netflixtechblog.com/artwork-personalization-c589f074ad76.

135. "AI Workflow Automation: What It Is & How to Get Started 1 Copy.ai" n.d. www.copy.ai.Acceessed December 29, 2023. https://copy.ai/blog/ai-workflow-automation.

136. Shyvee Shi "Building Generative AI Products Case Study: Copy.ai" n.d. www.linkedin.com. Accessed December 31, 2023. https://www.linkedin.com/pulse/building-generative-ai-products-case-study-copyai-shyvee-shi-snduc/?trackingid=LIM5Up3oRFKGwZ1WFOegEQ%3D%3D.

137. Jason Wei et al., "Chain-of-Thought Prompting Elicits Reasoning in Large Language Models," ArXiv:2201.11903 [cs], January 2022, https://arxiv.org/abs/2201.11903.

138. Harry Guiness, "How to Use the OpenAIPlayground with GPT-3 and GPT-4," Zapier, July 16, 2023, https://zapier.com/blog/openai-playground.

139. "Custom Instructions for ChatGPT," OpenAI, Accessed November 26, 2023, https://openai.com/blog/custom-instructions-for-chatgpt.

140. kolesnykbogdan, "Reddit, what are your best custom instructions for ChatGPT?" August 1, 2023, https://www.reddit.com/r/ChatGPTPro/comments/15ffpx3/reddit_what_are_your_best_custom_instructions_for/.

141. "https://twitter.com/nivi/status/1682820984074559490," X (Formerly Twitter), July 22, 2023, https://twitter.com/nivi/status/1682820984074559490.

142. Dan Shipper, "Using ChatGPT Custom Instructions for Fun and Profit," Every, September 15, 2023, https://every.to/chain-of-thought/using-chatgpt-custom-instructions-for-fun-and-profit.

143. "Midjourney Prompt Generator | PromptFolder," Promptfolder, Accessed November 26, 2023, https://promptfolder.com/midjourney-prompt-helper/.

144. Elena Cavender, "Snapchat's My AI has users reaching their snapping point," Mashable, April 25, 2023, https://mashable.com/article/snapchat-my-ai-reactions.

145. Fowler, Geoffrey. 2023 "Snapchat tried to make a safe AI. It chats with me about booze and sex," Washington Post, March 14, 2023, https://www.washingtonpost.com/technology/2023/03/14/snapchat-myai/.

146. "Differential Privacy a Privacy-Preserving System," Apple, Accessed November 23, 2023, https://www.apple.com/privacy/docs/Differential_Privacy_Overview.pdf.

147. "Concrete AI safety problems," OpenAI, Accessed November 23, 2023, https://openai.com/research/concrete-ai-safety-problems.

148. Google DeepMind, "About," Accessed November 23, 2023, https://www.deepmind.com/about.

149. "What-If Tool," GitHub, Accessed November 26, 2023, https://pair-code.github.io/what-if-tool/.

150. "Innovation and AIfor Accessibility," Microsoft, Accessed November 26, 2023, https://www.microsoft.com/en-us/accessibility/innovation.

151. Partnership on AI, Accessed November 26, 2023, https://partnershiponai.org/.

152. "Democratic Inputs to AI," OpenAI, Accessed November 26, 2023, https://openai.com/blog/democratic-inputs-to-ai.

153. "Snapshot of ChatGPT model behavior guidelines," OpenAI, July 2022, https://cdn.openai.com/snapshot-of-chatgpt-model-behavior-guidelines.pdf.

154. Ethan Perez et al., "Red Teaming Language Models with Language Models," ArXiv:2202.03286 [cs], February 2022, https://arxiv.org/abs/2202.03286.

155. "Mitigating LLM Hallucinations: a multifaceted approach," AI, Software, Tech, and People, Not in That Order...By X, September 16, 2023. https://amatriain.net/blog/hallucinations.

156. Lenny Rachitsky, "How to know If you've got product-market fit," Lenny's Newsletter, Accessed November 26, 2023, https://www.lennysnewsletter.com/p/how-to-know-if-youve-got-productmarket.

157. Rachitsky, Lenny. N.d. "A guide for finding product-market fit in B2B". www.lennysnewsletter.com. Accessed December 29, 2023. https://lennysnewsletter.com/p/finding-product-market-fit.

158. Tren Griffin, "12 Things About Product-Market Fit," February 18, 2017, Andreessen Horowitz, https://a16z.com/2017/02/18/12-things-about-product-market-fit-2.

159. Marc Andreessen, "Pmarchive The only thing that matters, "Pmarchive.com, June 25, 2007, https://pmarchive.com/guide-to-startups-part4.html.

160. Lenny Rachitsky, "How to know If you've got product-maeket-fit," Lenny's Newsletter, Accessed November 26 2023, https://www.lennysnewsletter.com/p/how-to-know-if-youve-got-productmarketfit.

161. Rahul Vohra, "How Superhuman Built an Engine to Find Product Market Fit," FirstRound, Accessed November 26, 2023, https://review.firstround.com/how-superhuman-built-an-engine-to-find-product-market-fit.

162. "Why Use the North Star Framework?" Amplitude, Accessed November 26, 2023, https://amplitude.com/north-star/why-use-the-north-star-framework.

163. Sid Arora,"Most commonly used metrics by product managers," LinkedIn, Accessed November 26, 2023, https://www.linkedin.com/posts/siddhartharoraisb_most-commonly-used-metrics-by-product-managers-activity-7089091833028333568-TdZ_/.

164. Adam Smith, "Kite is saying farewell," Code Faster with Kite, Accessed November 16, 2022, https://www.kite.com/blog/product/kite-is-saying-farewell/.

165. Josh Howarth, "What Percentage of Startups Fail? 80+ Statistics (2022)," Exploding Topics, January 7, 2022, https://explodingtopics.com/blog/startup-failure-stats.

166. Jaryd Hermann, "How Notion Grows," How They Grow, Accessed November 27, 2023, https://www.howtheygrow.co/p/how-notion-grows.

167. Maura Grace, "Community-Led Growth: Brand Community as a Growth Lever." NoGoodTM: Growth Marketing Agency, October 21, 2022., https://nogood.io/2022/10/21/community-led-growth/.

168. Ion Prodan, "14 Million Users: Midjourney's Statistical Success (2023)." The Art of Dev, August 19, 2023, https://yon.fun/midjourney-statistics/.

169. "WSJ: Microsoft is losing money on GitHub Copilot - Inside.com," Inside, Accessed November 27, 2023, https://inside.com/ai/posts/wsj-microsoft-is-losing-money-on-github-copilot-396183.

170. Ali Abouelatta, "Notion," First 1000, Accessed November 27, 2023, https://read.first1000.co/p/notion?utm_source=%2Fsearch%2Fvalue%2520curve&utm_medium=reader2.

171. Sarah Tavel, "AI startups: Sell work, not software," Sarah Tavel's Newsletter, Accessed November 27, 2023, https://www.sarahtavel.com/p/ai-startups-sell-work-not-software.

172   "Claire Vo Tackles Monetization Strategy for AI Businesses and Protecting the Super ICs in Product," Reforge, October 12, 2023, https://www.reforge.com/podcast/unsolicited-feedback/episode-7.

173. "https://twitter.com/DavidSacks/status/1392274969581604866," X (Formerly Twitter), May 11, 2021, Accessed November 27, 2023, https://twitter.com/DavidSacks/status/1392274969581604866.

174. Jeff Desjardins, "5 Ways to Build a $100 Million Company," Visual Capitalist, Accessed November 26, 2023, https://www.visualcapitalist.com/5-ways-100-million-company/.

175. Hila Qu, "Five steps to starting your product-led growth motion," Lenny's Newsletter, Accessed November 27, 2023, https://www.lennysnewsletter.com/p/five-steps-to-starting-your-plg-motion.

176. "Growth Model Ingredients," Elena Verna, Accessed October 2023, https://www.elenaverna.com/

177. Leah Tharin, "What growth model should we have at our stage?" Leah's ProducTea, Accessed November 26, 2023, https://www.leahtharin.com/p/what-growth-model-should-we-have.

178. "Product-Led Growth Guide Volume 2: How to Get Started with PLG," Amplitude, Accessed November 27, 2023, https://amplitude.com/resources/get-started-with-product-led-growth.

179. "Product-Led Growth Guide Volume 1: What Is PLG?" Amplitude, Accessed November 27, 2023, https://amplitude.com/resources/what-is-product-led-growth.

180. "Product Led Sales Journeys," Elena Verna, Accessed October 2023, https://www.elenaverna.com/product-led-sales-journeys.

181. "Product-Led Growth Guide Volume 2: How to Get Started with PLG," Amplitude, Accessed November 27, 2023, https://amplitude.com/resources/get-started-with-product-led-growth.

182. Lindsey Liu, "When NOT to apply Product-Led Growth strategy for your enterprise product," Medium, November 8, 2021, https://medium.com/@lindseyliu/when-not-to-apply-product-led-growth-strategy-493bdecbf780.

183. Jaryd Hermann, "How Canva Grows," How They Grow, Accessed November 26, 2023, https://www.howtheygrow.co/p/how-canva-grows.

184. Sangeet Paul Choudary, "How to lose at Generative AI!" Platforms, AI, and the Economics of BigTech, October 8, 2023, https://platforms.substack.com/p/how-to-lose-at-generative-ai.

185. Jerry Chen, "The New New Moats," Greylock, June 21, 2023, https://greylock.com/greymatter/the-new-new-moats/.

186. Martin Casado and Sarah Wang, "The Economic Case for Generative AI and Foundation Models," Andreessen Horowitz, August 3, 2023, https://a16z.com/the-economic-case-for-generative-ai-and-foundation-models/.

187. "Perplexity AI...," Weixin Official Accounts Platform, Accessed November 27, 2023. https://mp.weixin.qq.com/s/7Hbwl-h-4NsWp38lefuvw.

188. Tanay Jaipuria, "Startups vs Incumbents in AI," Tanay's Newsletter. March 27, 2023, https://tanay.substack.com/p/startups-vs-incumbents-in-ai.

189. Dylan Patel and Afzal Ahmad, "Google 'We Have No Moat, and Neither Does OpenAI," Semi Analysis, May 4, 2023. https://www.semianalysis.com/p/google-we-have-no-moat-and-neither.

190. Martin Casado and Sarah Wang, "The Economic Case for Generative AI and Foundation Models, "Andreessen Horowitz August 3, 2023, https://a16z.com/the-economic-case-for-generative-ai-and-foundation-models/.

191. "Perplexity AI ...," Weixin Official Accouts Platform, Accessed November 27, 2023, https://mp.weixin.99.com/s/7Hbwl-h-4NsWp388lefuvw/.

192. Tanay Jaipuria, "Startups vs Incumbents in AI," Tanay's News letter. March 27, 2023, https://tanay.substack.com/p/startup-vs-incumbents-in-ai.

193. GPT-4, Sonya Huang, and Pat Grady, "Generative AI's Act Two," Sequoia Capital, September 20, 2023, https://www.sequoiacap.com/article/generative-ai-act-two/.

194. TJ Nahigian and Luci Fonseca, "Base10 Blog: If You're Not First, You're Last: How AI Becomes Mission Critical," Base10, https://base10.vc/post/generative-ai-mission-critical/.

195. Tyna Eloundou et al., "GPTs are GPTs: An Early Look at the Labor Market Impact Potential of Large Language Models," Arxiv.org, Accessed November 26, 2023, https://arxiv.org/pdf/2303.10130.pdf.

196. Hatzius, Jan. "The Potentially Large Effects of Artificial Intelligence on Economic Growth (Briggs/Kodnani)," Goldman Sachs, 26 March, 2023, https://www.gspublishing.com/content/reseach/2023/03/27/d64e052b-0f6e-45d7-967b-d7be35fabdl6.html.

本書内容に関するお問い合わせについて

　このたびは翔泳社の書籍をお買い上げいただき、誠にありがとうございます。弊社では、読者の皆様からのお問い合わせに適切に対応させていただくため、以下のガイドラインへのご協力をお願い致しております。下記項目をお読みいただき、手順に従ってお問い合わせください。

質問される前に

　弊社Webサイトの「正誤表」をご参照ください。これまでに判明した正誤や追加情報を掲載しています。

　正誤表　https://www.shoeisha.co.jp/book/errata/

ご質問方法

　弊社Webサイトの「書籍に関するお問い合わせ」をご利用ください。

　書籍に関するお問い合わせ　https://www.shoeisha.co.jp/book/qa/

インターネットをご利用でない場合は、FAXまたは郵便にて、下記 "翔泳社 愛読者サービスセンター" までお問い合わせください。電話でのご質問は、お受けしておりません。

回答について

　回答は、ご質問いただいた手段によってご返事申し上げます。ご質問の内容によっては、回答に数日ないしはそれ以上の期間を要する場合があります。

ご質問に際してのご注意

　本書の対象を超えるもの、記述箇所を特定されないもの、また読者固有の環境に起因するご質問等にはお答えできませんので、予めご了承ください。

郵便物送付先およびFAX番号

送付先住所　〒160-0006 東京都新宿区舟町5
FAX番号　　03-5362-3818
宛先　　　　（株）翔泳社 愛読者サービスセンター

※ 本書に記載されたURL等は予告なく変更される場合があります。
※ 本書の出版にあたっては正確な記述につとめましたが、著者や出版社などのいずれも、本書の内容に対してなんらかの保証をするものではなく、内容やサンプルに基づくいかなる運用結果に関してもいっさいの責任を負いません。
※ 本書に掲載されているサンプルプログラムやスクリプト、および実行結果を記した画面イメージなどは、特定の設定に基づいた環境にて再現される一例です。
※ 本書に記載されている会社名、製品名はそれぞれ各社の商標および登録商標です。

著者紹介

シビー・シー（Shyvee Shi）

　プロダクトマネジメントとイノベーションの専門家で、現在はLinkedInのプロダクトリードおよびLinkedIn Learningで最高評価のインストラクターを務める。世界中の11万人以上のフォロワーに影響を与え、作成コンテンツは4,000万回以上の視聴を記録。PM Learning Seriesには、LinkedInやGoogle Docs/Sheetsの共同創設者、Tinder、Slack、Yelp、Brexの元CPO、AmplitudeのCEO、Roblox Studio、Uizard、Microsoft、Copy.ai、Synthesia、Forethought、Google Language AIの先駆的なAIリーダーなどのゲストが登場している。サンフランシスコのケロッグ経営大学院同窓会の会長として、人気のあるスピーカーであり、VMware、Disney、Cisco、TOYOTA、HSBC、Telstra、DFSなど、多くのフォーチュン1,000企業でデジタル戦略に影響を与えている。

ケイトリン・カイ（Caitlin Cai）

　ウォートン・スクールとノースウェスタン大学の卒業生であり、AIの商業化、市場展開、プロダクト、ファイナンス（プライベートエクイティ＆ベンチャーキャピタル）における10年以上の経験をもち、AIの先駆者であるスタンフォード教授のアンドリュー・エン（CourseraとGoogle Brainの共同創設者）、Xing Yao（Tencent AILabの創設者）、ロバート・ドング（TikTokの元プロダクト責任者）とともにAI企業やプロダクトの構築に関する第一線の経験をもつ。AIの起業家であり、複数のAI企業のアドバイザリーボードに参加。クリエイティブAIに情熱を注ぎ、人間の創造性を解き放ち、つながりを深めるためにAIプロダクトや企業を構築している。

イーウェン・ロング（Dr. Yiwen Rong）

　経験豊富なプロダクトマネージャーであり、AIを消費者向けおよびSaaSプロダクトに統合する分野の先駆者。現在はGoogleでAIプロダクトマネージャーとして働き、数十億人のユーザーの生活に影響を与えるAIを搭載したBtoCプロダクトを構築している。2度の起業経験があり、スタートアップでのプロダクトリーダーも務める。0→1のSaaSおよびエンタープライズAIソフトウェアを構築し、市場展開と成長戦略を推進する豊富な経験をもつ。複数業界のAIスタートアップに投資したエンジェル投資家でもあり、プロダクト開発と戦略についてのふたつのスタートアップのアドバイザーも務めている。スタンフォード大学で電気工学の博士号を取得。

執筆補助：GPT-4とMidjourney

訳者紹介

曽根原春樹（そねはら・はるき）

　シリコンバレーに在住18年目（執筆時時点）。これまでNASDAQ、NYSE上場の大手BtoB外資系企業でエンジニア、セールス、コンサルティング、マーケティング、カスタマーサポートとさまざまな役職をこなし、各ポジションで表彰歴あり。サンフランシスコの米系スタートアップでは、180の国と地域にグローバル展開するBtoCアプリのAI部門におけるHead of Product Managementを務めた後、日本発ユニコーン企業のSmartNewsにてプロダクトの米国市場展開をリード。現在は米Microsoft社傘下のLinkedIn米国本社におけるシニアプロダクトマネージャー。シリコンバレーのビッグ・テックやスタートアップ企業でBtoB・BtoC双方のプロダクトマネジメントを計10年以上経験している。

　この経験をもとにUdemyで展開しているプロダクトマネジメント10講座の受講者はまもなく3万人を超える。『プロダクトマネジメントのすべて』の共著者であり、『ラディカル・プロダクト・シンキング』（共に翔泳社）の監訳を行うなど、プロダクトマネジメントの啓蒙活動も積極的に展開し、講演も多数。プロダクト顧問として日本の大企業やスタートアップ企業のプロダクトマネジメントの導入・実践・組織づくりもサポートしている。

　プロダクトマネジメントに関する顧問活動、伴走支援、講演会、ワークショップその他のお問い合わせは **https://bit.ly/questpm** のページよりお願いします。

著書一覧　　　　　Udemy プロダクトマネジメント10講座一覧

amzn.to/3CH0B3u　　　bit.ly/sonehara_udemy_pm_courses

X　　　　　　　　　LinkedIn

@Haruki_Sonehara　　linkedin.com/in/harukisonehara

装丁	小口翔平＋畑中茜（tobufune）
版面デザイン・組版	BUCH⁺

生成AI時代のプロダクトマネジメント
勝てる事業の原則から戦略、デザイン、成功事例まで

2024年6月19日 初版第1刷発行

著　者	シビー・シー、ケイトリン・カイ、イーウェン・ロング
訳　者	曽根原 春樹
発行人	佐々木 幹夫
発行所	株式会社 翔泳社（https://www.shoeisha.co.jp/）
印刷・製本	株式会社 加藤文明社印刷所

ISBN978-4-7981-8681-8

Printed in Japan